高等学校计算机系列规划教材

U0384158

# C语言程序设计教程

# 学习辅导

主　编　宋士银　王　翠

副主编　孟　琦　李　志

　　　　徐　铮　李慧芹

　　　　刘庆涛

编　者　孙向群　宋　霞

　　　　黄　芳　张艳君

　　　　郑宁宁　卜凤菊

　　　　丁有强

中国石油大学出版社
CHINA UNIVERSITY OF PETROLEUM PRESS

**图书在版编目（CIP）数据**

C 语言程序设计教程学习辅导/宋士银，王翠主编.
—东营：中国石油大学出版社，2017.8
ISBN 978-7-5636-5632-5

Ⅰ．①C… Ⅱ．①宋… ②王… Ⅲ．①C 语言—程序设
计—高等学校—教学参考资料 Ⅳ．①TP312.8

中国版本图书馆 CIP 数据核字（2017）第 161379 号

书　　名：C 语言程序设计教程学习辅导
主　　编：宋士银　王　翠

--------------------------------------------------------------------------------

责任编辑：安　静（电话 0532-86981535）
封面设计：赵志勇

--------------------------------------------------------------------------------

出　版　者：中国石油大学出版社
　　　　　　（地址：山东省青岛市黄岛区长江西路 66 号　邮编：266580）
网　　　址：http://www.uppbook.com.cn
电子邮箱：anjing8408@163.com
印　刷　者：沂南县汇丰印刷有限公司
发　行　者：中国石油大学出版社（电话 0532-86983566）
开　　　本：185 mm×260 mm
印　　　张：15.25
字　　　数：390 千
版 印 次：2017 年 8 月第 1 版　2017 年 8 月第 1 次印刷
书　　　号：ISBN 978-7-5636-5632-5
印　　　数：1—1800 册
定　　　价：37.80 元

# 前 言

## Preface

　　C 语言是学生接触计算机编程的第一门语言，具有非常重要的地位，学好 C 语言，对于以后学习其他计算机编程语言以及计算机专业的其他专业课程有很大的帮助。结合 C 语言的特点及学生的特点，我们编写了《C 语言程序设计教程》，经部分修订后再版发行。经过几年的教学实践，发现还存在一些问题，比如基础知识内容多，教学学时少，学生课下看书时间少、掌握情况差，课外辅导资料繁多学生无从选择，等等，由此我们产生了编写《C 语言程序设计教程学习辅导》这本辅助教材的想法。

　　全书共分为三个部分：第一部分为计算机基础知识；第二部分为 C 语言程序设计，共 12 章，主要内容包括 C 语言概述、C 语言程序设计基础、顺序结构程序设计、分支结构程序设计、循环结构程序设计、数组、函数、指针、结构体与共用体、文件、预处理命令、位运算；第三部分为软件工程基础知识。

　　本书具有以下特点：

　　1. 对课堂讲授知识点进行梳理，指出重点难点，对于较难理解的问题，用通俗的语言解释清楚，并以此作为《C 语言程序设计教程》的补充。

　　2. 对每个章节总结出知识结构框架图，既直观又有利于帮助学生进行联想记忆，帮助学生理清学习思路。

　　3. 对《C 语言程序设计教程》中的课后习题进行讲解并列出详细答案。另外，从大量习题中甄选出有代表性的、学生容易出错的习题，帮助学生有的放矢地学习，让学生在课下通过做练习题来巩固所学知识。

　　4. 对计算机二级考试中 C 语言部分的考试内容进行补充，精选部分真题，并进行详细讲解，帮助有意向报考的学生顺利通过计算机二级考试。

　　5. 对于计算机相关专业的学生，适当增加部分专业性强、有一定难度的习题并详细讲解，为以后学习相关课程打下基础。

　　6. 增加了部分计算机基础知识，解决了来自不同地区的学生计算机基础参差不齐的问题；增加了软件工程课程的相关知识，可作为我校下一步实施"大学计算机基础"课程分级教学的教学辅导书。

　　本书是对《C 语言程序设计教程》的总结、讲解、补充，对重点难点内容的辅导，可作为《C 语言程序设计教程》的"课外辅导老师"和资料手册。

　　限于编者水平，本书在内容及文字方面可能存在许多不足之处，在使用过程中，如有问题，可以通过 E-mail 与我们交流。邮箱地址：wangcui411@163.com。恳请广大读者不吝赐教，多提宝贵意见，以使本书在再次修订时得到完善和提高。

编　者
2017 年 6 月

# 目　录

Contents

# 计算机基础知识

第一部分

## 【知识框架图】

知识框架图如图 1-1 所示。

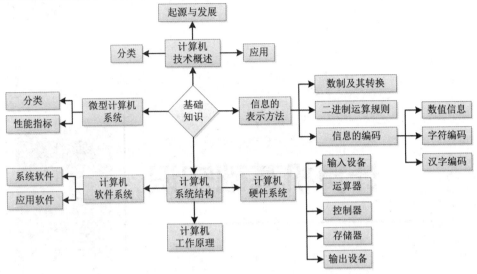

图 1-1　知识框架图

## 【知识点介绍】

## 一、计算机技术概述

### （一）计算机的起源与发展

#### 1．计算机的起源

第一台真正意义上的数字电子计算机 ENIAC（Electronic Numerical Integrator And Calculator）于 1946 年 2 月在美国的宾夕法尼亚大学正式投入运行。ENIAC 的诞生奠定了电子计算机的发展基础，开辟了信息时代，把人类社会推向了第三次产业革命的新纪元。

#### 2．计算机的发展

计算机的发展过程见表 1-1。

表 1-1　计算机的发展过程

| 年代 | 名称 | 元件 | 语言 | 应用 |
| --- | --- | --- | --- | --- |
| 第一代（1946～1956 年） | 电子管计算机 | 电子管 | 机器语言、汇编语言 | 科学计算 |
| 第二代（1956～1964 年） | 晶体管计算机 | 晶体管 | 高级程序设计语言 | 数据处理 |
| 第三代（1964～1971 年） | 集成电路计算机 | 中小规模集成电路 | 高级程序设计语言 | 各个领域 |
| 第四代（1971 年至今） | 超大规模集成电路计算机 | 集成电路 | 面向对象的高级语言 | 网络时代 |
| 第五代 | 未来计算机 | 光子、量子、DNA 等 | | |

### （二）计算机的特点及分类

**1．计算机的特点**

（1）运算速度快、精度高。现代计算机每秒钟可运行几百万条指令，数据处理的速度相当快，是其他任何工具无法比拟的。

（2）具有存储与记忆能力。计算机的存储器类似于人的大脑，可以"记忆"（存储）大量的数据和计算机程序。

（3）具有逻辑判断能力。具有可靠的逻辑判断能力是计算机能实现信息处理自动化的重要原因。能进行逻辑判断使得计算机不仅能对数值数据进行计算，也能对非数值数据进行处理，使计算机能广泛应用于非数值数据处理领域，如信息检索、图形识别以及各种多媒体应用等。

（4）自动化程度高。利用计算机解决问题时，启动计算机输入编制好的程序后，计算机可以自动执行，一般不需要人直接干预运算、处理和控制过程。

（5）通用性强：任何复杂的任务都可以分解为大量的基本的算术运算和逻辑操作。

**2．计算机的分类**

根据不同的分类标准，可以把计算机分成不同的类型，见表1-2。

表1-2　计算机的分类

| 根据处理的对象划分 | 模拟计算机、数字计算机和混合计算机 |
|---|---|
| 根据用途划分 | 专用计算机和通用计算机 |
| 根据规模划分 | 巨型机、大型机、小型机、微型机和工作站 |

### （三）计算机的应用

**1．科学计算**

科学计算指科学和工程中的数值计算。主要应用在航天工程、气象、地震、核能技术、石油勘探和密码解译等涉及复杂数值计算的领域。

**2．信息管理**

信息管理指非数值形式的数据处理，是以计算机技术为基础，对大量数据进行加工处理，形成有用的信息。被广泛应用于办公自动化、事务处理、情报检索、企业管理和知识系统等领域。信息管理是计算机应用最广泛的领域。

**3．过程控制**

过程控制又称实时控制，指用计算机及时采集检测数据，按最佳值迅速地对控制对象进行自动控制或自动调节。目前已在冶金、石油、化工、纺织、水电、机械和航天等部门得到广泛应用。

**4．计算机辅助系统**

计算机辅助系统指通过人机对话，使计算机辅助人们进行设计、加工、计划和学习等工作。如计算机辅助设计（CAD）、计算机辅助制造（CAM）、计算机辅助教育（CBE）、计算机辅助教学（CAI）、计算机辅助教学管理（CMI）。另外还有计算机辅助测试（CAT）和计算机集成制造系统（CIMS）等。

**5．人工智能**

人工智能研究怎样让计算机做一些通常认为需要智能才能做的事情，又称机器智能，主要研究使智能机器执行通常是人类智能的有关功能，如判断、推理、证明、识别、感知、理解、设计、思考、规划、学习和问题求解等思维活动。人工智能是计算机当前和今后相当长的一段时间的重要研究领域。

### 6．计算机网络与通信

利用通信技术，将不同地理位置的计算机互联，可以实现世界范围内的信息资源共享，并能交互式地交流信息。Internet 深刻地改变了我们的生活、学习和工作方式。

## 二、计算机中信息的表示方法

### （一）数制及其转换

#### 1．术语

数制：用进位的原则进行计数称为进位计数制，简称数制。

数码：一组用来表示某种数制的符号。如 1、2、3、4、A、B、C、Ⅰ、Ⅱ、Ⅲ、Ⅳ等。

基数：数制所使用的数码个数称为"基数"或"基"，常用"R"表示，称为 R 进制。如二进制的数码是 0、1，基为 2。

位权：指数码在不同位置上的权值。在进位计数制中，处于不同数位的数码代表的数值不同。如十进制数 111，个位数上的 1 的权值为 $10^0$，十位数上的 1 的权值为 $10^1$，百位数上的 1 的权值为 $10^2$。

#### 2．常见的几种进位计数制

十进制（Decimal System）：由 0、1、2、…、8、9 十个数码组成，即基数为 10。特点为：逢十进一，借一当十。用字母 D 表示。

二进制（Binary System）：由 0、1 两个数码组成，即基数为 2。二进制的特点为：逢二进一，借一当二。用字母 B 表示。

八进制（Octal System）：由 0、1、2、3、4、5、6、7 八个数码组成，即基数为 8。八进制的特点为：逢八进一，借一当八。用字母 O 表示。

十六进制（Hexadecimal System）：由 0、1、2、…、9、A、B、C、D、E、F 十六个数码组成，即基数为 16。十六进制的特点为：逢十六进一，借一当十六。用字母 H 表示。

各种进制之间的对应关系见表 1-3。

表 1-3　进制之间的对应关系

| 十进制 | 二进制 | 八进制 | 十六进制 | 十进制 | 二进制 | 八进制 | 十六进制 |
|---|---|---|---|---|---|---|---|
| 0 | 0 | 0 | 0 | 9 | 1001 | 11 | 9 |
| 1 | 1 | 1 | 1 | 10 | 1010 | 12 | A |
| 2 | 10 | 2 | 2 | 11 | 1011 | 13 | B |
| 3 | 11 | 3 | 3 | 12 | 1100 | 14 | C |
| 4 | 100 | 4 | 4 | 13 | 1101 | 15 | D |
| 5 | 101 | 5 | 5 | 14 | 1110 | 16 | E |
| 6 | 110 | 6 | 6 | 15 | 1111 | 17 | F |
| 7 | 111 | 7 | 7 | 16 | 10000 | 20 | 10 |
| 8 | 1000 | 10 | 8 | 17 | 10001 | 21 | 11 |

### 3．数制的转换

（1）二进制、八进制、十六进制数转化为十进制数。

对于任何一个二进制数、八进制数、十六进制数，均可以先写出它的位权展开式，然后再按十进制进行加法计算将其转换为十进制数。

【示例1-1】把下列数字转换为十进制数。

$(1111.11)_2=1×2^3+1×2^2+1×2^1+1×2^0+1×2^{-1}+1×2^{-2}=15.75$

$(A10B.8)_{16}=10×16^3+1×16^2+0×16^1+11×16^0+8×16^{-1}=41\ 227.5$

【注意】在不至于产生歧义时，可以不注明十进制数的进制，如上例。

（2）十进制数转化为二进制数。

十进制数的整数部分和小数部分在转换时需作不同的计算，分别求值后再组合。

整数部分采用除2取余法，即逐次除以2，直至商为0，得出的余数倒排，即为二进制各位的数码。小数部分采用乘2取整法，即逐次乘以2，取每次乘积的整数部分得到二进制数各位的数码（参见下例）。

【示例1-2】将十进制数100.125转化为二进制数。

步骤一：先对整数100进行转换。

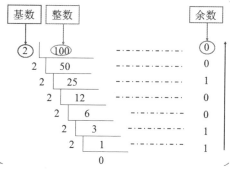

由此得出：100D=1100100B。

步骤二：对于小数部分0.125的转换。

$$0.125×2=0.250 \qquad 0……a_{-1}$$
$$0.25×2=0.5 \qquad 0……a_{-2}$$
$$0.5×2=1 \qquad 1……a_{-3}$$

由此得出，0.125D=0.001B。

将整数和小数部分组合，得出：100.125D=1100100.001B。

相应地，十进制转换成八进制，整数部分除8取余，小数部分乘8取整；十进制转换成十六进制，整数部分除16取余，小数部分乘16取整。

（3）二进制数与八进制数的相互转换。

二进制数转换成八进制数的方法是：将二进制数从小数点开始，对二进制整数部分向左每3位分成一组，不足3位的向高位补0凑成3位；对二进制小数部分向右每3位分成一组，不足3位的向低位补0凑成3位。把每一组3位二进制数分别转换成八进制数码中的一个数字，全部连接起来即可。

八进制数转换成二进制数，只要将每一位八进制数转换成3位二进制数，然后依次连接起来即可。

【示例1-3】把二进制数11111101.101转化为八进制数。

$(11111101.101)_2 = (011\ 111\ 101.101)_2 = (375.5)_8$

（4）二进制数与十六进制数的相互转换。

二进制数转换成十六进制数，方法与八进制类似，只要把每 4 位分成一组，再分别转换成十六进制数码中的一个数字，不足 4 位的分别向高位或低位补 0 凑成 4 位，全部连接起来即可。

十六进制数转换成二进制数，只要将每一位十六进制数转换成 4 位二进制数，然后依次连接起来即可。

【示例 1-4】将二进制数 10110001.101 转换为十六进制数。

$(10110001.101)_2 = (1011\ 0001.1010)_2 = (B1.A)_{16}$

## （二）二进制的运算规则

### 1．算术运算规则

加法规则：0+0=0；0+1=1；1+0=1；1+1=10（向高位有进位）。

减法规则：0-0=0；10-1=1（向高位借位）；1-0=1；1-1=0。

乘法规则：0×0=0；0×1=0；1×0=0；1×1=1。

除法规则：0/1=0；1/1=1。

### 2．逻辑运算规则

非运算（NOT）：1 变 0，0 变 1。

与运算（AND）：0∧0=0；0∧1=0；1∧0=0；1∧1=1。

或运算（OR）：0∨0=0；0∨1=1；1∨0=1；1∨1=1。

异或运算（XOR）：0⊕0=0；0⊕1=1；1⊕0=1；1⊕1=0。

## （三）信息的编码

### 1．数据的单位

（1）位（bit）。

简记为 b，也称为比特，是计算机存储数据的最小单位。一个二进制位只能表示 0 或 1。

（2）字节（Byte）。

字节来自英文 Byte，简记为 B。字节是存储信息的基本单位。规定 1 B=8 bit。

1 KB=$2^{10}$ B=1 024 B　　　　1 MB=$2^{20}$ B=1 024 KB

1 GB=$2^{30}$ B=1 024 MB　　　1 TB=$2^{40}$ B=1 024 GB

（3）字（Word）。

一个字通常由一个字节或若干个字节组成。字长是计算机一次所能处理的实际位数长度，字长是衡量计算性能的一个重要指标。

### 2．数值的表示

（1）机器数。

一个数在计算机中的二进制表示形式叫作这个数的机器数。机器数是带符号的，计算机用一个数的最高位存放符号，正数为 0，负数为 1。

比如，十进制中的数+3，假设计算机字长为 8 位，转换成二进制就是 00000011。如果是 −3，就是 10000011。这里的 00000011 和 10000011 就是机器数。

（2）真值。

因为第一位是符号位，所以机器数的形式值不等于真正的数值。例如上面的有符号数

10000011，其最高位 1 代表负，其真正数值是–3 而不是形式值 131（10000011 转换成十进制等于 131）。所以，为区别起见，将带符号位的机器数对应的真正数值称为机器数的真值。

比如：0000 0001 的真值= +000 0001= +1

1000 0001 的真值= –000 0001= –1

（3）原码。

原码就是符号位加上真值的绝对值，即用第一位表示符号，其余位表示值。假设计算机字长为 8 位：

$$[+1]_{原}= 0000\ 0001 \qquad [-1]_{原}= 1000\ 0001$$

其中，第一位是符号位，因为第一位是符号位，所以 8 位二进制数的取值范围就是：

$$[1111\ 1111 \sim 0111\ 1111]，即：[-127\sim127]$$

原码是人脑最容易理解和计算的表示方式。

（4）反码。

反码的表示方法是：正数的反码是其本身；负数的反码是在其原码的基础上，符号位不变，其余各位取反。

$$[+1]=[00000001]_{原}=[00000001]_{反}$$

$$[-1]=[10000001]_{原}=[11111110]_{反}$$

可见，如果一个反码表示的是负数，无法直观地看出来它的数值，通常要将其转换成原码再计算。

（5）补码。

补码的表示方法是：正数的补码就是其本身；负数的补码是在其原码的基础上，符号位不变，其余各位取反，最后+1（即在反码的基础上+1）。

$$[+1]=[00000001]_{原}=[00000001]_{反}=[00000001]_{补}$$

$$[-1]=[10000001]_{原}=[11111110]_{反}=[11111111]_{补}$$

对于负数，补码表示方式也是无法直观看出其数值的，通常也需要转换成原码再计算其数值。

【思考】为什么计算机中的数值要用补码表示？

【解答】首先引入另一个概念——模数。比如钟表，其模数为 12，即每到 12 就重新从 0 开始，数学上叫取模或求余（mod），例如：14%12=2。

如果某时刻的正确时间为 6 点，而你的手表指向的是 8 点，如何把表调准呢？有两种方法：一是把表逆时针拨 2 个小时；二是把表顺时针拨 10 个小时，即：8-2=6，(8+10)%12=6，也就是说在此模数系统里面有 8-2=8+10。

这是因为 2 跟 10 对模数 12 互为补数。因此可以得出结论:在模数系统中,A-B 或 A+(-B) 等价于 A+[B]_{补}，即：8-2=8+(-2)=8+10。我们把 10 叫做-2 在模 12 下的补码。这样用补码来表示负数就可以将加减法统一成加法来运算，简化了运算的复杂程度。

采用补码进行运算有两个好处，一是统一加减法；二是可以让符号位作为数值直接参加运算，而最后仍然可以得到正确的结果。

### 3．字符编码

目前采用的字符编码主要是 ASCII 码,它是 American Standard Code for Information Interchange 的缩写（美国标准信息交换代码），已被国际标准化组织（ISO）采纳，作为国际通用的信息交换标准代码。ASCII 码是一种西文机内码,有 7 位 ASCII 码和 8 位 ASCII 码两种,7 位 ASCII

码称为标准 ASCII 码，8 位 ASCII 码称为扩展 ASCII 码。7 位标准 ASCII 码用一个字节（8 位）表示一个字符，并规定其最高位为 0，实际只用到 7 位，因此可表示 128 个不同字符。同一个字母的 ASCII 码值小写字母比大写字母大 32（20H）。

#### 4．汉字编码

（1）汉字交换码。

由于汉字数量极多，一般用连续的两个字节（16 个二进制位）来表示一个汉字。1980 年，我国颁布了第一个汉字编码字符集标准，即 GB 2312—80《信息交换用汉字编码字符集基本集》，该标准编码简称国标码，是我国大陆地区及新加坡等海外华语区通用的汉字交换码。GB 2312—80 收录了 6 763 个汉字，以及 682 符号，共 7 445 个字符，奠定了中文信息处理的基础。

（2）汉字机内码。

国标码 GB 2312 不能直接在计算机中使用，因为它没有考虑与基本的信息交换代码 ASCII 码的冲突。比如："大"的国标码是 3473H，与字符组合"4S"的 ASCII 码相同；"嘉"的汉字编码为 3C4EH，与码值为 3CH 和 4EH 的两个 ASCII 字符"<"和"N"相同。为了能区分汉字与 ASCII 码，在计算机内部表示汉字时把交换码（国标码）两个字节最高位改为 1，称为"机内码"。这样，当某字节的最高位是 1 时，必须和下一个最高位同样为 1 的字节合起来，代表一个汉字。

（3）汉字字形码。

所谓汉字字形码实际上就是用来将汉字显示到屏幕上或打印到纸上所需要的图形数据。汉字字形码记录汉字的外形，是汉字的输出形式。记录汉字字形通常有点阵法和矢量法两种方法，分别对应两种字形编码：点阵码和矢量码。所有的不同字体、字号的汉字字形构成汉字库。

（4）汉字输入码。

将汉字通过键盘输入到计算机所采用的代码称为汉字输入码，也称为汉字外部码（外码）。汉字输入码的编码原则应该易于接受、学习、记忆和掌握，重码少，码长尽可能短。

目前我国的汉字输入码编码方案已有上千种，但是在计算机上常用的只有几种，根据编码规则，这些汉字输入码可分为流水码、音码、形码和音形结合码四种。智能 ABC、微软拼音、搜狗拼音和谷歌拼音等汉字输入法为音码，五笔字型为形码。音码重码多，单字输入速度慢，但容易掌握；形码重码较少，单字输入速度较快，但是学习和掌握较困难。

## 三、计算机系统结构

### （一）计算机工作原理

#### 1．指令

指示计算机执行某种操作的命令称为指令，它由一串二进制数码组成，这串二进制数码包括操作码和地址码两部分。操作码规定了操作的类型，即进行什么样的操作；地址码规定了要操作的数据（操作对象）存放在什么地址中，以及操作结果存放到哪个地址中去。

一台计算机有许多指令，作用也各不相同。所有指令的集合称为计算机指令系统。计算机系统不同，指令系统也不同，目前常见的指令系统有复杂指令系统（CISC）和精简指令系统（RISC）。

## 2．"存储程序"工作原理

计算机能够自动完成运算或处理过程的基础是"存储程序"工作原理。"存储程序"工作原理是美籍匈牙利科学家冯·诺依曼（Von Neumann）提出来的，故称为冯·诺依曼原理，其基本思想是存储程序与程序控制。

存储程序是指人们必须事先把计算机的执行步骤序列（即程序）及运行中所需的数据，通过一定方式输入并存储在计算机的存储器中；程序控制是指计算机运行时能自动地逐一取出程序中的一条条指令，加以分析并执行规定的操作。

到目前为止，尽管计算机发展到了第四代，但其基本工作原理仍然没有改变。根据存储程序和程序控制的概念，在计算机运行过程中，实际上有数据流和控制信号两种信息在流动。

## 3．计算机的工作过程

计算机的工作过程可以归结为以下几步：

（1）取指令。即按照指令计数器中的地址，从内存储器中取出指令，并送到指令寄存器中。

（2）分析指令。即对指令寄存器中存放的指令进行分析，确定执行什么操作，并由地址码确定操作数的地址。

（3）执行指令。即根据分析的结果，由控制器发出完成该操作所需的一系列控制信息，去完成该指令所要求的操作。

（4）上述步骤完成后，指令计数器加1，为执行下一条指令做好准备。

## （二）计算机硬件系统

### 1．硬件系统组成

硬件是指计算机系统中由电子、机械和光电元件等组成的各种计算机部件和计算机设备。这些部件和设备依据计算机系统结构的要求，构成一个有机整体，称为计算机硬件系统。

冯·诺依曼提出的存储程序工作原理决定了计算机硬件系统由以下五个基本部分组成：

（1）输入设备（Input Device）。

输入设备的主要功能是把原始数据和处理这些数据的程序转换为计算机能够识别的二进制代码，通过输入接口输入到计算机的存储器中，供 CPU 调用和处理。常用的输入设备有鼠标器、键盘、扫描仪、数字化仪、数码摄像机、条形码阅读器、数码相机、A/D 转换器等。

（2）运算器（Arithmetic Unit）。

运算器负责对信息进行加工和运算，它的速度决定了计算机的运算速度。参加运算的数（称为操作数）由控制器指示从存储器或寄存器中取出到运算器。

（3）控制器（Controller）。

控制器是整个计算机系统的控制中心，它指挥计算机各部分协调工作，保证计算机按照预先规定的目标和步骤有条不紊地进行操作及处理。控制器从内存储器中顺序取出指令，并对指令代码进行翻译，然后向各个部件发出相应的命令，完成指令规定的操作。另一方面，又接收执行部件向控制器发回的有关指令执行情况的反馈信息，并根据这些信息来决定下一步发出哪些操作命令。这样逐一执行一系列的指令，就使计算机能够按照这一系列的指令组成的程序要求自动完成各项任务。因此，控制器是指挥和控制计算机各个部件进行工作的"神经中枢"。

通常把控制器和运算器合称为中央处理器（CPU，Central Processing Unit）。它是计算机的核心部件。

（4）存储器（Memory）。

存储器是具有"记忆"功能的设备，由具有两种稳定状态的物理器件（也称为记忆元件）来存储信息。记忆元件的两种稳定状态分别表示为"0"和"1"。存储器是由成千上万个"存储单元"构成的，每个存储单元存放一定位数（微机上为 8 位）的二进制数，每个存储单元都有唯一的地址。"存储单元"是基本的存储单位，不同的存储单元是用不同的地址来区分的。计算机采用按地址访问的方式到存储器中存数据和取数据，计算机中的程序在执行的过程中，每当需要访问数据时，就向存储器送去数据位置的地址，同时发出一个"存"命令或者"取"命令（伴以待存放的数据）。

（5）输出设备（Output Device）。

输出设备是计算机硬件系统的终端设备，用来进行计算机数据的输出显示、打印，声音的播放等，也是把各种计算结果数据或信息以数字、字符、图像、声音等形式表现出来的设备。常见的输出设备有显示器、打印机、绘图仪、影像输出系统、语音输出系统、磁记录设备等。

### 2．内存储器的分类

（1）只读存储器（ROM）。

ROM 中的数据或程序一般是在将 ROM 装入计算机前事先写好的。一般情况下，计算机工作过程中只能从 ROM 中读出事先存储的数据，而不能改写。ROM 常用于存放固定的程序和数据，并且断电后仍能长期保存。ROM 的容量较小，一般存放系统的基本输入输出系统（BIOS）等。

（2）随机存储器（RAM）。

随机存储器的容量与 ROM 相比要大得多，CPU 从 RAM 中既可读出信息又可写入信息，但断电后所存的信息就会丢失。微机中的内存一般指随机存储器（RAM）。目前常用的内存有 SDRAM、DDR SDRAM、DDR2、DDR3 等。

（3）高速缓存（Cache）。

随着 CPU 主频的不断提高，CPU 对 RAM 的存取速度加快了，而 RAM 的响应速度相对较慢，造成了 CPU 等待，降低了处理速度，浪费了 CPU 的能力。为协调二者之间的速度差，在内存和 CPU 之间设置一个与 CPU 速度接近的、高速的、容量相对较小的存储器，把正在执行的指令地址附近的一部分指令或数据从内存调入这个存储器，供 CPU 在一段时间内使用。这对提高程序的运行速度有很大的帮助。这个介于内存和 CPU 之间的高速小容量存储器称作高速缓冲存储器（Cache），一般简称为高速缓存。

### 3．外存

外存是主机的外部设备，存取速度较内存慢得多，用来存储大量的暂时不参加运算或处理的数据和程序，一旦需要，可成批地与内存交换信息。

外存是内存储器的后备和补充，不能和 CPU 直接交换数据。

### （三）计算机软件系统

软件是指使计算机运行所需的程序、数据和有关文档的总和。计算机软件通常分为系统软件和应用软件两大类，系统软件一般由软件厂商提供，应用软件是为解决某一问题而由用户或软件公司开发的。

### 1．系统软件

系统软件是管理、监控和维护计算机资源（包括硬件和软件）、开发应用软件的软件。居于计算机系统中最靠近硬件的一层，它主要包括操作系统、语言处理程序、数据库管理系统和支撑服务软件等。

（1）操作系统。

操作系统是一组对计算机资源进行控制与管理的系统化程序集合，它是用户和计算机硬件系统之间的接口，为用户和应用软件提供了访问和控制计算机硬件的桥梁。

操作系统是直接运行在裸机（即没有安装任何软件的计算机）上的最基本的系统软件，任何其他软件必须在操作系统的支持下才能运行。

（2）语言处理程序。

用各种程序设计语言编写的源程序，计算机是不能直接执行的，必须经过翻译才能执行，这些翻译程序就是语言处理程序，包括汇编程序、编译程序和解释程序等（对汇编语言源程序是汇编，对高级语言源程序则是编译或解释）。它们的基本功能是把用面向用户的高级语言或汇编语言编写的源程序翻译成机器可执行的二进制语言程序。

（3）系统支撑和服务程序。

系统支撑和服务程序又称为工具软件，如系统诊断程序、调试程序、排错程序、编辑程序和查杀病毒程序等，它们都是为维护计算机系统的正常运行或支持系统开发所配置的软件系统。

（4）数据库管理系统。

数据库管理系统主要用来建立存储各种数据资料的数据库并进行操作和维护。常用的数据库管理系统有微机上的 FoxPro、FoxBASE+、Access 和大型数据库管理系统如 Oracle、DB2、Sybase、SQL Server 等，它们都是关系型数据库管理系统。

### 2．应用软件

为解决计算机各类应用问题而编写的软件称为应用软件。应用软件具有很强的实用性，随着计算机应用领域的不断拓展和计算机应用的广泛普及，各种各样的应用软件与日俱增，比如：办公类软件 Microsoft Office、WPS Office、永中 Office、谷歌在线办公系统；图形处理软件 Photoshop、Adobe Illustrator；三维动画软件 3DMAX、Maya 等；即时通信软件 QQ、MSN、UC 和 Skype 等。除此之外，只为完成某一特定专业的任务，针对某行业、某用户的特定需求而专门开发的软件，如某个公司的管理系统等，也是应用软件。

### （四）程序设计语言

### 1．程序设计基础

数据结构和算法是程序最主要的两个方面，通常可以认为：程序=算法+数据结构。

（1）算法。

算法可以看作是由有限个步骤组成的用来解决问题的具体过程，实质上反映的是解决问题的思路。其主要性质有：有穷性、确定性、可行性。

（2）数据结构。

数据结构是从问题中抽象出来的数据之间的关系，它代表信息的一种组织方式，用来反映一个数据的内部结构。数据结构是信息的一种组织方式，其目的是提高算法的效率。它通常与一组算法的集合相对应，通过这组算法集合可以对数据结构中的数据进行某种操作。典型的数据结构包括线性表、堆栈、队列、数组、树和图。

### 2．程序设计语言

（1）机器语言。

机器语言是计算机系统唯一能识别的、不需要翻译直接供机器使用的程序设计语言。用机器语言编写程序难度大、直观性差、容易出错，修改、调试也不方便。由于不同计算机的指令系统不同，针对某一种型号的计算机所编写的程序就不能在另一计算机上运行，所以机器语言的通用性和可移植性较差，但用机器语言编写的程序可以充分发挥硬件的功能，程序编写紧凑，运行速度快。

（2）汇编语言。

汇编语言是机器语言的"符号化"。汇编语言和机器语言基本上是一一对应的，但在表示方法上作了改进，用一种助记符来代替操作码，用符号来表示操作数地址（地址码）。例如，用"ADD"表示加法，用"MOVE"表示传送等。用助记符和符号地址来表示指令，容易辨认，给程序的编写带来了很大的方便。

汇编语言比机器语言直观，容易记忆和理解，用汇编语言编写的程序比机器语言程序易读、易检查、易修改，但是它仍然是属于面向机器的语言，依赖于具体的机器，很难在系统间移植，所以这样的程序的编写仍然比较困难，程序的可读性也比较差。

机器语言和汇编语言一般都被称为低级语言。

（3）高级语言。

高级语言屏蔽机器的细节，具有与计算机指令系统无关的表达方式和接近于人的求解过程的描述方式，易于理解和掌握。高级语言分为两类，分别是解释型和编译型。

① 解释型。

解释程序接收由某种程序设计语言（如 Basic 语言）编写的源程序，然后对源程序的每条语句逐句进行解释并执行，最后得出结果。解释程序对源程序是一边翻译，一边执行，不产生目标程序。

② 编译型。

编译程序将由高级语言编写的源程序翻译成与之等价的用机器语言表示的目标程序，其翻译过程称为编译。

编译型语言系统在执行速度上优于解释型语言系统。但是，编译程序比较复杂，这使得开发和维护费用较高。

## 四、微型计算机系统

### （一）微型计算机分类

微型计算机按其性能、结构、技术特点等可分为：

#### 1．单片机

将微处理器（CPU）、一定容量的存储器以及 I/O 接口电路等集成在一个芯片上，就构成了单片机。

#### 2．单板机

将微处理器、存储器、I/O 接口电路安装在一块印刷电路板上，称为单板机。

**3．PC（Personal Computer，个人计算机）**

供单个用户使用的微机一般称为 PC，是目前使用最多的一种微机。

**4．便携式微机**

便携式微机大体包括笔记本电脑和个人数字助理（PDA）等。

**（二）微机的主要性能指标**

**1．主频**

主频即时钟频率，是指计算机 CPU 在单位时间内发出的脉冲数，它在很大程度上决定了计算机的运算速度，主频的单位是赫兹（Hz）。

**2．字长**

字长指计算机的运算部件能同时处理的二进制数据的位数，它与计算机的功能和用途有很大的关系。

**3．内核数**

CPU 内核数指 CPU 内执行指令的运算器和控制器的数量。所谓多核心处理器，简单地说就是在一块 CPU 基板上集成两个或两个以上的处理器核心，并通过并行总线将各处理器核心连接起来。多核心处理技术的推出，大大地提高了 CPU 的多任务处理性能，并已成为市场的主流。

**4．内存容量**

内存容量指内存储器中能存储信息的总字节数。一般来说，内存容量越大，计算机的处理速度越快。随着更高性能的操作系统的推出，计算机的内存容量会继续增加。

**5．运算速度**

运算速度指单位时间内执行的计算机指令数。它的单位有 MIPS（Million Instructions Per Second，每秒 $10^6$ 条指令）和 BIPS（Billion Instructions Per Second，每秒 $10^9$ 条指令）。影响机器运算速度的因素很多，一般来说，主频越高，字长越长，内存容量越大，存取周期越小，运算速度越快。

**6．其他性能指标**

除上述因素外，影响计算机性能的因素还有机器的兼容性（包括数据和文件的兼容、程序兼容、系统兼容和设备兼容）、系统的可靠性（平均无故障工作时间 MTBF）和系统的可维护性（平均修复时间 MTTR）等，另外，性价比也是一项综合性的评价计算机性能的指标。

## 【重点难点分析】

本章需要重点掌握数据在计算机中的表示形式，包括数值型数据和字符型数据；掌握数据的原码、反码和补码表示；掌握二进制、十进制、八进制和十六进制数据的表示以及它们之间的相互转换。了解计算机工作原理，掌握计算机硬件系统和软件系统的构成，了解进行程序设计的基础，为后续 C 语言的学习做铺垫。

## 【练习题】

1．世界上第一台电子数字计算机取名为（　　）。

　　A．UNIVAC　　　B．EDSAC　　　C．ENIAC　　　D．EDVAC

2．操作系统的作用是（　　）。

　　A. 把源程序翻译成目标程序　　　　　B. 进行数据处理

　　C. 控制和管理系统资源的使用　　　　D. 实现软硬件的转换

3. 个人计算机简称为 PC，这种计算机属于（　　）。

　　A. 微型计算机　　　　　　　　　　　B. 小型计算机

　　C. 超级计算机　　　　　　　　　　　D. 巨型计算机

4. 一个完整的计算机系统通常包括（　　）。

　　A. 硬件系统和软件系统　　　　　　　B. 计算机及其外部设备

　　C. 主机、键盘和显示器　　　　　　　D. 系统软件和应用软件

5. 计算机的软件系统一般分为（　　）两大部分。

　　A. 系统软件和应用软件　　　　　　　B. 操作系统和计算机语言

　　C. 程序和数据　　　　　　　　　　　D. DOS 和 Windows

6. 在计算机内部，不需要编译计算机就能够直接执行的语言是（　　）。

　　A. 汇编语言　　　B. 自然语言　　　C. 机器语言　　　D. 高级语言

7. 计算机存储数据的最小单位是二进制的（　　）。

　　A. 位（比特）　　B. 字节　　　　　C. 字长　　　　　D. 千字节

8. 一个字节包括（　　）个二进制位。

　　A. 8　　　　　　B. 16　　　　　　C. 32　　　　　　D. 64

9. 下列数据中，有可能是八进制数的是（　　）。

　　A. 488　　　　　B. 317　　　　　　C. 597　　　　　D. 189

10. 与十进制 36.875 等值的二进制数是（　　）。

　　A. 110100.011　　B. 100100.111　　C. 100110.111　　D. 100101.101

11. 在不同进制的四个数中，最小的一个数是（　　）。

　　A. $(1101100)_2$　　B. $(65)_{10}$　　C. $(70)_8$　　　　D. $(A7)_{16}$

12. 一般使用高级程序设计语言编写的应用程序称为源程序，这种程序不能直接在计算机中运行，需要有相应的语言处理程序翻译成（　　）程序后才能运行。

　　A. C 语言　　　　B. 汇编语言　　　C. PASCAL 语言　D. 机器语言

13. 从软件分类来看，Windows 属于（　　）。

　　A. 应用软件　　　B. 系统软件　　　C. 支撑软件　　　D. 数据处理软件

14. 术语"ROM"是指（　　）。

　　A. 内存储器　　　　　　　　　　　　B. 随机存取存储器

　　C. 只读存储器　　　　　　　　　　　D. 只读型光盘存储器

15. 术语"RAM"是指（　　）。

　　A. 内存储器　　　　　　　　　　　　B. 随机存取存储器

　　C. 只读存储器　　　　　　　　　　　D. 只读型光盘存储器

16. 下列逻辑运算结果不正确的是（　　）。

　　A. 0∨0=0　　　　B. 1∨0=1　　　　C. 0∨1=0　　　　D. 1∨1=1

17. 与八进制数 64.3 等值的二进制数是（　　）。

　　A. 110100.011　　B. 100100.111　　C. 100110.111　　D. 100101.101

18. 与十六进制数 26.E 等值的二进制数是（　　）。

　　A. 110100.011　　B. 100100.111　　C. 100110.111　　D. 100101.101

19. 在计算机内部，用来传送、存储、加工处理的数据或指令都是以（　　）形式进行的。

A. 二进制码　　　B. 拼音简码　　　C. 八进制码　　　D. 五笔字型码

20. 存储容量为 1 KB，可存入（　　）字节二进制的信息。

A. 1 024　　　B. 8×1 024　　　C. 8×8×1 024　　　D. 1 024×1 024

# C语言程序设计

第二部分

# 第1章　C语言概述

## 【知识框架图】

知识框架图如图 2-1-1 所示。

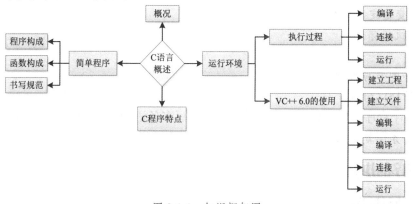

图 2-1-1　知识框架图

## 【知识点介绍】

### 1.1　C语言概况

C 语言诞生至今已有 40 多年的历史，它的发展经历了以下几个阶段：

ALGOL 60→CPL→BCPL→B→C→标准 C→ANSI C→ISO C

### 1.2　C语言的特点

（1）C 语言程序书写自由、简洁灵活、使用方便。

（2）C 语言的运算符丰富、表达能力强。

（3）C 语言拥有丰富的数据类型。

（4）C 语言是结构化的程序设计语言。

（5）C 语言对语法限制不严格、程序设计灵活。

（6）用 C 语言编写的程序具有良好的可移植性。

（7）C 语言可以实现汇编语言的大部分功能。

（8）C 语言适合编写系统软件。

### 1.3　C程序简介

#### （一）简单的C程序介绍

由课本的例 1.1~例 1.3 可以看出：

（1）C 程序由一个或者多个函数构成，有且只有一个 main()函数。

（2）程序的执行从 main()函数开始，随着 main()函数结束而结束。

（3）被调用的函数可以是库函数，也可以是自定义函数。

（4）函数位置的前后顺序没有限制，一般不影响程序的执行。

## （二）C 程序结构

### 1．函数的一般格式

　　　函数说明
　　　{
　　　　　变量定义部分
　　　　　执行部分
　　　}

### 2．程序的书写规则

（1）严格区分大小写。

（2）一个程序行内可以写一条语句，也可以写多条语句，一条语句也可以写在多行内。

（3）每条语句以分号结束。

## 1.4 C 程序的执行

### （一）执行过程

C 程序的执行过程如图 2-1-2 所示。

源程序 →(编辑)→ 源程序文件(\*.c) →(编译)→ 目标文件(\*.obj) →(连接)→ 可执行文件(\*.exe) →(执行)→ 结果

图 2-1-2　　C 程序执行过程

### （二）VC++ 6.0 的使用

### 1．建立工程

步骤：在图 2-1-3 所示的界面中选择"文件"→"新建"，弹出如图 2-1-4 所示的对话框。选择"工程"选项卡→"Win32 Console Application"→在右侧文本框中输入工程名称，选择存储位置后，单击"确定"按钮。

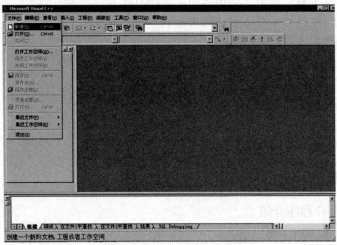

图 2-1-3　　"新建"操作界面

图 2-1-4 "新建"对话框

### 2．建立文件

在图 2-1-5 中单击"FileView"（圆框标注）→单击文件名"ex files"→选择"文件"菜单→选择"新建"命令，在弹出的对话框中选择"文件"选项卡，如图 2-1-6 所示。选择"C++ Source File"→选中"添加到工程"复选框→输入文件名→选择存储位置后，单击"确定"按钮，文件建立完成。

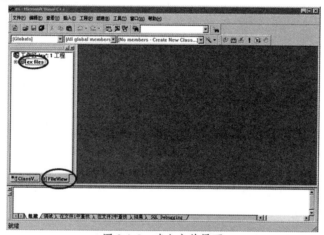

图 2-1-5 建立文件界面

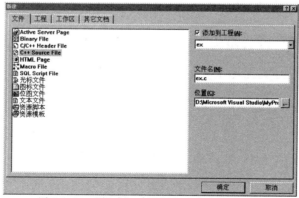

图 2-1-6 "新建"对话框之"文件"选项卡

建立成功的结构应该是每个"file"里面只包含一个".c"文件，位于"Source Files"文件夹中，如图 2-1-7 所示。

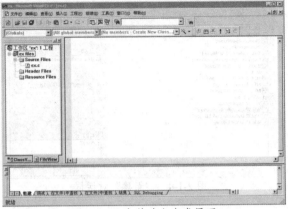

图 2-1-7　文件建立完成界面

### 3．编辑源程序文件

在图 2-1-8 所示的方框区域中输入源程序代码。

图 2-1-8　源程序文件编辑界面（1）

### 4．编译源程序文件

在图 2-1-9 所示的界面中，单击窗口右上角圆框标注的工具按钮进行编译操作，编译时注意看窗口下方方框部分的出错信息提示。此时显示为"0 error(s)，0 warning(s)"，表示无编译错误。

图 2-1-9　源程序文件编译界面（2）

### 5.连接

在图 2-1-10 所示的界面中，单击窗口右上角圆框标注的工具按钮进行连接操作，连接时注意看窗口下方方框的出错信息提示。此时显示"0 error(s)，0 warning(s)"，表示无连接错误。

图 2-1-10　连接界面

### 6.运行

在图 2-1-11 所示的界面中，单击窗口右上角圆框标注的工具按钮运行程序，运行结果如图 2-1-12 的黑色命令行窗口所示。单击"关闭"按钮或者按任意键关闭显示结果的黑色窗口。

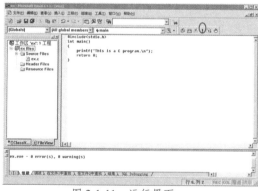

图 2-1-11　运行界面

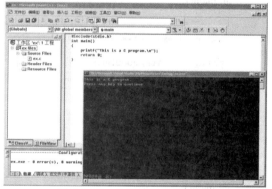

图 2-1-12　运行结果显示界面

【注意】当一个程序运行结束时，要及时关闭显示结果的窗口，否则会影响下一个程序的运行。

## 【重点难点分析】

本章需要重点掌握 C 程序的构成，函数的构成以及 C 程序的编辑、编译、连接和运行过程。会熟练使用 VC++ 6.0 运行程序。难点是使用 VC++ 6.0 运行程序，建议多上机调试例题程序，初期可以不理解程序的含义，但是要熟练掌握建立工程、建立文件和调试程序的步骤。

## 【部分课后习题解析】

1. 见课本第 2 页 C 语言的特点。
2. 计算机能直接识别的语言是二进制的机器语言，任何语言编写的程序都需要转换成机器语言才能执行。

3. C 语言源程序文件的扩展名是.c，目标程序文件的扩展名为.obj，可执行程序的扩展名为.exe。

4. C 语言源程序文件先经过编译（即翻译），生成目标程序文件，再经过和标准库文件进行连接，生成可执行文件，才可以执行。因此，目标程序文件、标准库文件和可执行文件都是二进制代码文件。

5. 所谓流程控制语句，是指可以引导程序执行走向的语句。

7. C 语言属于高级语言，但不是最高级的，也不是出现最晚的，以接近英语国家的自然语言和数学语言作为语言的表达形式，所以在执行时，需要转换为机器语言才能被计算机识别执行。

8. 函数是组成 C 语言程序的最基本的单位，一个程序可以由若干个函数构成，所有函数的顺序任意，但其中必须有且只有一个 main()函数，不管 main()函数的位置在哪里，程序的执行都从 main()函数开始。每个函数都由函数头（函数首部）和函数体两部分构成，函数体要用"{}"括起来。由于 C 语言对语法限制不严格，一个 C 程序行可以写一个语句，也可以写多个语句，每个语句以";"结束。

12. 标准库函数不是 C 语言本身的组成部分，它是由函数库提供的功能函数。

15. C 语言程序开发的四个步骤是：编辑、编译、连接、运行。

16. 源程序是文本类型的文件，它可以用具有文本编辑功能的任何编辑程序完成编辑。

17. 参考程序：

方法一：
```c
#include <stdio.h>
int main()
{
  printf("******************\n");
  printf("      very good!\n");
  printf("******************\n");
  return 0;
}
```

方法二：
```c
#include <stdio.h>
int main()
{
  printf("******************\n      very good!\n******************\n");
  return 0;
}
```

【思考】这样写可不可以？
```c
#include <stdio.h>
int main()
{
  printf("******************\n
          very good!\n
  ******************\n");
  return 0;
}
```

# 【练习题】

## 一、填空题

1. 计算机语言的发展经历了机器语言、_____和_____三个阶段。

2. C语言程序由_____组成，C程序中有且仅有一个_____函数。

3. 用C语言编写的程序是源程序，必须经过编译生成_____，经过连接才生成_____。

## 二、选择题

1. 以下描述正确的是（   ）。

   A. 在C语言中，main()函数必须位于文件的开头

   B. C语言每行中只能写一条语句

   C. C语言中以分号作为语句结束的标记

   D. 对一个C程序进行编译时，可检查出程序的所有错误

2. 以下描述正确的是（   ）。

   A. C程序的执行是从main()函数开始，到本程序的最后一个函数结束

   B. C程序的执行是从第一个函数开始，到本程序的最后一个函数结束

   C. C程序的执行是从main()函数开始，随着本程序的main函数结束而结束

   D. C程序的执行是从第一个函数开始，随着本程序的main函数结束而结束

3. 在一个C程序中（   ）。

   A. main()函数必须出现在所有函数之前

   B. main()函数可以在任何地方出现

   C. main()函数必须出现在所有函数之后

   D. main()函数必须出现在固定位置

4. 将C源程序进行（   ）可得到目标文件。

   A. 编辑      B. 编译      C. 连接      D. 拼接

5. 目标文件的扩展名为（   ）。

   A. .c      B. .h      C. .obj      D. .exe

6. C语言源程序文件经过C编译程序编译连接之后生成一个后缀为（   ）的文件。

   A. .c      B. .obj      C. .exe      D. .bas

7. C语言源程序的基本单位是（   ）。

   A. 过程      B. 函数      C. 子程序      D. 标识符

## 三、程序设计

编程输出如下字符串。

\*\*\*\*\*\*\*\*\*\*\*\*\*\*\*\*\*\*

　　C语言程序设计

\*\*\*\*\*\*\*\*\*\*\*\*\*\*\*\*\*\*

# 第2章　C语言程序设计基础

## 【知识框架图】

知识框架图如图 2-2-1 所示。

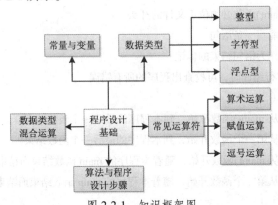

图 2-2-1　知识框架图

## 【知识点介绍】

## 2.1　算法与程序设计步骤

（一）算法的概念

1. 算法

解决一个实际问题的方法和步骤。

2. 算法的描述

描述算法常使用传统流程图、N-S 图、PAD 图等。本书主要以传统流程图来描述算法。常用符号如图 2-2-2 所示。

| 起止框 | 输入输出框 | 判断框 | 处理框 | 流程线 | 连接点 |

图 2-2-2　常用传统流程图符号

一个传统流程图由三部分组成：表示相应操作的框、带箭头的流程线及框内外必要的文字说明。

3. 程序的三种基本结构

（1）流程图表示。

从程序流程的角度来看，程序可以分成三种基本结构：顺序结构、分支结构和循环结构。它们可以分别用图 2-2-3、图 2-2-4 和图 2-2-5 所示的传统流程图表示。

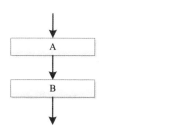

图 2-2-3  顺序结构的传统流程图

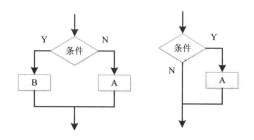

图 2-2-4  分支结构的传统流程图

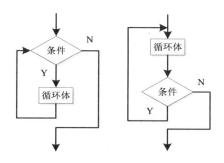

图 2-2-5  循环结构的传统流程图

（2）N-S 图表示。

N-S 图完全去掉了流程线，算法的每一步都用一个矩形框来描述，把一个个矩形框按执行的次序连接起来就是一个完整的算法描述，也称为盒图。

顺序结构、分支结构和循环结构的 N-S 图分别如图 2-2-6、图 2-2-7 和图 2-2-8 所示。

图 2-2-6  顺序结构的 N-S 图

图 2-2-7  分支结构的 N-S 图

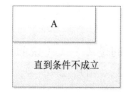

图 2-2-8  循环结构的 N-S 图

**（二）程序设计步骤**

（1）分析问题。

（2）画传统流程图（或盒图）。

（3）编程序。

（4）调试并测试程序。

（5）运行程序，得出结果。

## 2.2　常量与变量

### （一）标识符

#### 1．定义

在程序中使用的变量名、函数名、标号等统称为标识符。

　C 语言规定，标识符只能是字母（A~Z、a~z）、数字（0~9）、下划线（_）组成的字符串，并且其第一个字符必须是字母或下划线。另外，C 语言中的一些关键字不能作为用户标识符。如 static、main 等。

#### 2．注意事项

（1）标准 C 不限制标识符的长度。

（2）在标识符中，区分大小写。

（3）标识符的命名应尽量做到"见名知义"。

（4）C 语言中的关键字不可作为标识符。

#### 3．示例解析

【示例 2-1】以下选项中，能用作用户标识符的是（　　）。

A．void　　　　　B．8_8　　　　　C．_0_　　　　　D．unsigned

正确答案：C

解析：void、unsigned 为 C 语言的关键字，不可用作用户标识符。8_8 也不能用作用户标识符，因为用户标识符的第一个字符不能是数字。所以选 C。

### （二）常量

#### 1．定义

常量是指在程序的运行过程中其值不变的量。C 语言中有两种常量：直接常量和符号常量。

直接常量：字面形式就表示了其值的大小与多少的量，也称为直接常数。

符号常量：C 语言中，可以用一个标识符来表示一个常量。注意此时只是简单的数值替换。

如："#define PI 3.14"，则程序中可以用数值 3.14 来替换 PI。

#### 2．示例解析

【示例 2-2】以下选项中表示一个合法常量的是（　　）。（说明：符号"□"表示空格）

　A．9□9□9　　　B．0xab　　　C．123E0.2　　　D．2.7e

正确答案：B

解析：A 选项数值内部不能有空格，所以错。C 选项实型常量的指数形式 E 之后必须是整型，所以错。D 选项实型常量的指数形式 e 之前和之后都必须有数值，所以错。

### （三）变量

#### 1．定义

变量是指在程序的运行过程中其值可以改变的量。C 语言中的变量要"先定义,后使用"。

#### 2．定义格式

类型标识符　变量名 1[,变量名 2,变量名 3,…];

　　如：int a,b,c;

　　　　float m,n;

### 3．变量初始化

变量定义时给变量赋予初值。

如：int a=3;　或 int a;a=3;

## 2.3　C 语言的数据类型

### （一）C 语言提供的数据类型

C 语言的数据类型如图 2-2-9 所示。

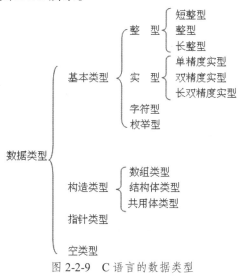

图 2-2-9　C 语言的数据类型

### （二）整型数据

#### 1．整型常量

整型常量就是平时所说的整数。在 C 语言中，整数可以用 3 种形式表示：十进制、八进制（以 0 开头，如 0321）、十六进制（以 0x 开头，如 0x321）。

#### 2．整型变量

用来保存整数的变量为整型变量。整型数据在内存中以二进制的补码形式存放。Visual C++ 6.0 中有 6 种整型变量：int、unsigned int、short、unsigned short、long、unsigned long。其中常用类型说明符是基本整型 int，如"int i,j,sum;"，int 类型变量在内存中占 4 个字节，即 32 位。

有符号的 int 类型，32 位中最高位表示符号位，最高位为 0 表示正数，最高位为 1 表示负数，后面 31 位表示数值。

正数部分在 00000000 00000000 00000000 00000000~01111111 11111111 11111111 11111111 之间，即 0~（ $2^{31}-1$ ）。

负数部分在 10000000 00000000 00000000 00000000~11111111 11111111 11111111 11111111 之间，即 $-2^{31}$~-1。

所以，有符号的 int 类型数值的取值范围在 $-2^{31}$~（ $2^{31}-1$ ）之间。

对于无符号的 int 类型，32 位全部表示数值，并且只能表示正数。数值的取值范围在 00000000 00000000 00000000 00000000~11111111 11111111 11111111 11111111 之间，即 0~

（$2^{32}-1$）之间。

使用整型数据需要注意整型数据溢出的问题，详见课本 P19 页例 2.8。

### （三）实型数据

#### 1．实型常量

实型常量有两种表示形式：

（1）十进制小数形式，如–3.45、0.0、12.、.12。

（2）指数形式，格式为：尾数 e 指数，其中 e 大小写均可，如 123E3、1.23e5。

指数形式的规范化形式为尾数中小数点左边有且只能有一位非零数字。当要用指数形式输出一个实数时，是按规范化指数形式输出。

#### 2．实型变量

实型数据在内存中是按照指数形式存储的。系统将实型数据分为小数部分和指数部分，分别存放。

Visual C++ 6.0 中有 3 种实型变量：float、double、long double。

实型变量所表示的数据范围较大，一般不会出现溢出的问题，最容易出现的问题是舍入误差，是由有效数字位数决定的。详见课本 P21 页例 2.9。

【注意】

（1）不要试图用一个实型数据精确表示一个大整数（记住：浮点型数是不精确的）。

（2）实型一般不判断"相等"，而是判断接近或近似。

（3）避免直接将一个数值很大的实数与一个很小的实数相加、相减，否则会"丢失"数值较小的实数。

（4）根据实际要求选择使用单精度还是双精度。

### （四）字符型数据

#### 1．字符常量

字符常量是用单引号括起的单个字符，有两种表示方法：

（1）一般表示形式：如'A'、'a'等。

（2）转义字符表示形式：以'\'开头的含义发生转变的字符常量，课本 P22 页中的转义字符表可以分为三大类：

① '\t'、'\b'、'\n'、'\r'用来控制光标的位置；

② '\''、'\"'、'\\'用来输出用 printf 函数无法输出的字符；

③ '\数字'把数字当作 ASCII 码值,输出其对应的字符。其中，以 x 开头的是十六进制数，否则是八进制数。

#### 2．示例解析

【示例 2-3】以下不合法的字符常量是（　　）。

A．'\018'　　　　B．'\"'　　　　C．'\\'　　　　D．'\0xcc'

正确答案：A

解析：'\ddd'表示八进制数，无数码 8，所以 A 不合法。'\"'表示字符' " '。'\\'表示字符'\'。'\0xcc'表示十六进制数 CC，转换为十进制数是 12×16+12=204，即 ASCII 码为 204 的字符。

#### 3．字符变量

字符变量是用来存放字符数据的，每个字符变量只能存放一个字符。所有编译系统都规定一个字符型数据在内存中占一个字节，在内存中是以字符的 ASCII 码形式存储的，所以字符型数据和整型数据之间在一定数值范围内可以通用。

### （五）注意事项

学习 C 语言中的数据类型时，须注意以下几点：

（1）不同的数据类型有不同的取值范围。

（2）不同的数据类型有不同的操作。

（3）不同的数据类型即使有相同的操作有时含义也不同。

（4）不同的数据类型在计算机中可能出现的错误不同。

（5）C 语言的数据类型可以构造复杂的数据结构。

（6）C 语言中的数据有变量与常量，它们分别属于上述这些类型。

## 2.4　数据类型的混合运算

### （一）自动类型转换

#### 1．定义

当参与运算的操作数的数据类型不一致时，系统将自动进行数据类型之间的转换，称为自动类型转换。

#### 2．转换规则

（1）若参与运算量的类型不同，则先转换成同一类型，然后进行运算。

（2）转换按数据长度增加的方向进行，以保证精度不降低。

（3）所有的实型运算都是以双精度进行运算的。

（4）char 型和 short 型参与运算时，必须先转换成 int 型。

（5）在赋值运算中，赋值号右边量的类型将转换为左边量的类型。

转换规则如图 2-2-10 所示。

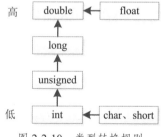

图 2-2-10　类型转换规则

#### 3．说明

（1）横向箭头表示必须转换，如两个 float 型数据参加运算，虽然它们类型相同，但仍要先转换成 double 型再进行运算，结果亦为 double 型。

（2）纵向箭头表示当运算符两边的运算对象为不同类型时的转换方向，如一个 long 型数据与一个 int 型数据一起运算，需要先将 int 型数据转换为 long 型，然后二者再进行运算，结果为 long 型。

### （二）强制类型转换

强制类型转换是指将某一数据的数据类型转换为指定的另一种数据类型。强制转换是用强制转换运算符进行的。

一般形式为：(类型名)(表达式)

例如：(float)x（将 x 转换成 float 类型）

## 2.5　算术运算

### （一）算术运算符

#### 1．基本算术运算符

基本算术运算符按运算优先级由高到低如下：

（1）+（取正）、-（取负）　　　右结合性

（2）*、/、%　　　　　　　　　左结合性

（3）+、-　　　　　　　　　　　左结合性

#### 2．关于除法运算

参与运算的量均为整型时，结果为整型，舍去小数，例如：5/2=2。

#### 3．关于求余数运算%

参与运算的量均为整型时，结果为两数相除的余数，结果的符号和被除数符号相同。例如：-16%3=-1，16%-3=1。

### （二）算术表达式

#### 1．定义

算术表达式是用算术运算符和括号将运算对象（即操作数）连接起来的符合 C 语言语法规则的式子。

#### 2．C 语言算术表达式的书写形式与数学表达式的书写形式的区别

（1）C 语言算术表达式的乘号（*）不能省略。

（2）C 语言算术表达式中只能出现字符集允许的字符。

（3）C 语言算术表达式只能使用圆括号改变运算的优先顺序（不能使用{}、[]）。可以使用多层圆括号，此时左右括号必须配对，运算时从内层括号开始，由内向外依次计算表达式的值。

#### 3．表达式求值要遵循的规则

（1）按运算符的优先级高低次序执行。

（2）如果一个运算对象（或称操作数）两侧运算符的优先级相同，则按 C 语言规定的结合方向（结合性）进行。

#### 4．示例解析

【示例 2-4】若有定义"int a;"，则语句"a=(3*4)+2%3;"运行后，a 的值为（　　）。

　　A．12　　　　　B．14　　　　　C．11　　　　D．17

正确答案：B

解析：根据运算符优先级由高到低进行运算，括号的优先级最高，其次是乘、除、取余，最后是加、减，a=(3*4)+2%3=12+2=14。

【示例 2-5】若有定义"float x=3.5;int z=8;"，则表达式"x+z%3/4"的值为（　　）。

　　A．3.75　　　　B．3.5　　　　C．3　　　　　D．4

正确答案：B

解析：根据运算符优先级由高到低进行运算，括号的优先级最高，其次是乘、除、取余，最后是加、减，x+z%3/4=3.5+8%3/4=3.5+2/4=3.5+0=3.5。

### （三）自增自减运算

#### 1．自增自减运算符

++：自增运算符，使变量的值增 1，单目运算符，右结合性。

--：自减运算符，使变量的值减 1，单目运算符，右结合性。

自增和自减运算符的运算对象必须是变量，不能是常量或表达式，且在书写时中间不能有空格。

自增自减运算有两种形式：

（1）前置运算：++i，--i。

（2）后置运算：i++，i--。

两个运算符均为单目运算符，优先级高于一般的双目算术运算符，右结合性。

#### 2．自增自减的运算

以自增运算为例，++i 和 i++对于变量 i 而言，所起的作用是一致的，都相当于 i=i+1，但是变量 i 的值并不能代表表达式++i 或 i++的值。表达式++i 的值是 i 增 1 之后的值，而表达式 i++的值是 i 增 1 之前的值。

#### 3．示例解析

【示例 2-6】以下程序的执行结果为（　　　）。

```c
#include <stdio.h>
int main()
{
    int i=3,j=3,m,n;
    m=++i;
    n=j++;
    printf("i=%d,m=%d\n",i,m );
    printf("j=%d,n=%d\n",j,n );
    return 0;
}
```

正确答案：

i=4,m=4

j=4,n=3

解析：m=++i 运算结束，++i 等价于 i=i+1，i 的结果为 4，m 的值为 i 增 1 之后的值，所以也是 4。n=j++运算结束，j++等价于 j=j+1，j 的结果为 4，n 的值为 i 增 1 之前的值，所以是 3。

【示例 2-7】i=3;j=i++;，运算结束 j 的值是（　　　）。

正确答案：3

解析：i++等价于 i=i+1，i 的结果为 4，j 的值为 3。

## 2.6　赋值运算

### （一）赋值运算符

赋值运算符是将某一个表达式的值传送给指定变量的操作，"="就是赋值运算符，右结合性，优先级低于算术运算符。

### （二）赋值表达式

用赋值运算符连接起来的表达式，称为赋值表达式。

赋值表达式的一般形式为：变量=表达式

表达式左边只能是变量，不能为常量或表达式；右边可以是变量、常量或任意表达式。

### （三）复合赋值运算

复合赋值运算符是由赋值运算符之前再加一个双目运算符构成，常用的有 5 种：+=、-=、*=、/=、%=。

复合赋值运算的一般格式为：变量 双目运算符=表达式

等价于：变量=变量 双目运算符 表达式

　　如：a+=5 等价于 a=a+5

　　　　x*=a+b 等价于 x=x*(a+b)

复合赋值运算符十分有利于编译处理，能提高编译效率并产生质量较高的目标代码。

## 2.7　逗号运算

### 1．逗号运算符

逗号运算符即顺序求值运算符，其运算符是逗号"，"，用逗号将两个或多个表达式连接起来，表示顺序求值，称为逗号表达式。

逗号表达式的一般形式：表达式 1，表达式 2，…，表达式 n

逗号表达式的求解过程是：自左向右，求解表达式 1，求解表达式 2，…，求解表达式 n。整个逗号表达式的值是表达式 n 的值。

### 2．示例解析

【示例 2-8】设有定义"int x=2;"，以下表达式中，值不为 6 的是（　　）。

　　A．x*=x+1　　　　B．x++,2*x　　　　C．x*=(1+x)　　　　D．2*x,x+=2

正确答案：D

解析：A．x*=x+1 赋值表达式，等价于 x=x*(x+1)=6。

　　　　B．x++,2*x 逗号表达式，x++ 等价于 x=x+1,x=3，所以 2*x=6。

　　　　C．x*=(1+x) 赋值表达式，等价于 x=x*(1+x)=6。

　　　　D．2*x,x+=2 逗号表达式，2*x=4 但 x 值未变，x+=2 等价于 x=x+2=4。

## 【重点难点分析】

本章需要了解常量、变量的概念、存储形式及其应用；掌握各种运算符的表示、优先级及其结合性；了解各类表达式的概念及其使用。难点是变量在内存中的存储长度，自增、自减运算，综合表达式的计算。

# 【部分课后习题解析】

3. %取余运算是 C 语言中经常用到的运算符，双目运算符，两个操作数必须是整数。

4. 整个表达式是逗号表达式，逗号表达式由左向右依次求解各表达式的值，最后一个表达式的值是整个逗号表达式的值，注意第三个表达式 a+b++，使得 b 的值增 1。

5. 既有强制数据类型转换，又有自动数据类型转换，(int)a 是强制数据类型转换，b/b 为实型，系统自动转换成 double 型进行运算，所以结果为 double 型。

6. C 语言规定，标识符只能是字母（A～Z、a～z）、数字（0～9）、下划线（_）组成的字符串，并且其第一个字符必须是字母或下划线。标识符区分大小写，C 语言中的关键字不可作为标识符。其中 void 是关键字。

8. 在 C 语言中，整数可以用 3 种形式表示：十进制、八进制（以 0 开头）、十六进制（以 0x 开头）。注意八进制和十六进制的数码。

实型常量有两种表示形式：十进制小数形式，其中 12.0 和 0.12 的 0 均可省略；指数形式，格式为：尾数 e 指数，其中 e 大小写均可，e 前 e 后都必须有数字，e 后必须是整数。

9. printf()是输出函数，第 3 章有详细讲解，%c 是字符的输入输出格式，注意多个转义字符的含义。

10. 同上，%d 是输入输出字符的 ASCII 码。

11. C 语言中表达式的运算是按照运算符优先级由高到低进行运算，算术运算符优先级高于赋值运算符，注意运算符的结合性，如*=等复合赋值运算符是右结合性，即由右向左进行运算。

（3）c-=6 等价于 c=c-6，b+=4 等价于 b=b+4。

（4）先运算 c%=2，再运算 a%=c，注意 a 和 c 为变量，运算过程中会改变。

（5）运算顺序 a*=a、a-=a、a+=a，运算过程中 a 的值会改变。

12. 自增自减运算，++i 和 j++实现了 i 和 j 的值增 1，但是++i 和 j++本身是表达式，结果不同。表达式++i 的值是 i 增 1 之后的值，而表达式 j++的值是 j 增 1 之前的值。

# 【练习题】

## 一、填空题

1. 若 "int a=1,b=2,c=3;"，执行语句 "a+=b*=c;" 后 a 的值是_____；若 a 为整型变量，则表达式 "(a=4*5,a*2),a+6" 的值为_____。

2. 已知 "i=5"，写出语句 "i*=i+1;"，执行后整型变量 i 的值是_____，已知 "int x=1/4;"，则 x 的值为_____。

## 二、选择题

1. 在下列字符串中，合法的标识符是（　　）。

　　A．p12&.a　　　　　B．stud_100　　　　C．water$12　　　　D．88sum

2. 结构化程序设计的三种基本结构是（　　）。

　　A．函数结构、分支结构、判断结构　　　B．函数结构、嵌套结构、平行结构

　　C．顺序结构、分支结构、循环结构　　　D．分支结构、循环结构、嵌套结构

3. C 语言中，各数据类型的存储空间长度的排列顺序为（　　）。

　　A．char<int≤long≤float<double　　　　B．char=int<long≤float<double

　　C．char<int<long=float=double　　　　D．char=int=long≤float<double

4. 下列关于 C 语言标识符的描述，正确的是（    ）。

    A. 不区分大小写                   B. 标识符不能描述常量

    C. 类型名也是标识符                D. 标识符可以作为变量名

5. 下列叙述正确的是（    ）。

    A. 2/3 与 2.0/3.0 等价             B. (int)2.0/3 与 2/3 等价

    C. ++5 与 6 等价                   D. 'A'与"A"等价

6. 下列叙述中，（    ）不是结构化程序设计中的三种基本结构之一。

    A. 数据结构       B. 分支结构       C. 循环结构       D. 顺序结构

7. 若有定义：int x,a;，则语句 "x=(a=3,a+1);" 运行后，x、a 的值依次为（    ）。

    A. 3,3            B. 4,4            C. 4,3            D. 3,4

8. 以下（    ）是正确的常量。

    A. E−5           B. 1E5.1          C. 'a12'          D. 32766L

9. 若有代数式 3ae/bc，则不正确的 C 语言表达式是（    ）。

    A. a/b/c*e*3       B. 3*a*e/b/c       C. 3*a*e/b*c       D. a*e/c/b*3

10. C 语言的基本数据类型包括（    ）。

    A. 整型、实型、字符型            B. 整型、实型、字符型、逻辑型

    C. 整型、字符型、逻辑型          D. 整型、实型、逻辑型

11. 假设所有变量均为整型，则表达式 "(x=2, y=5, y++, x+y)" 的值是（    ）。

    A. 7             B. 8             C. 6             D. 2

12. 以下选项中，合法的用户标识符是（    ）。

    A. long          B. _2abc         C. 3dmax         D. A.dat

13. 已知 double a=5.2; 则正确的赋值表达式是（    ）。

    A. a+=a−=(a=4)*(a=3)            B. a=a*3=2

    C. a%3                       D. a=double(−3)

14. 设整型变量 a 为 5，使 b 不为 2 的表达式是（    ）。

    A. b=(++a)/3            B. b=6−(−−a)

    C. b=a%2                  D. b=a/2

# 第3章 顺序结构程序设计

## 【知识框架图】

知识框架图如图 2-3-1 所示。

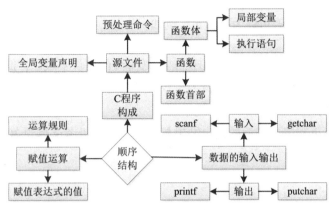

图 2-3-1 知识框架图

## 【知识点介绍】

### 3.1 C 程序的组成

#### （一）C 语言中的 5 种语句

**1．控制语句**

（1）分支语句：if()…else…;

（2）多分支语句：switch(){…};

（3）循环语句：for()…; while()…; do{…}while();

（4）结束本次循环语句：continue;

（5）结束循环语句或结束 switch 语句的语句：break;

（6）转向语句：goto…;

（7）返回语句：return();

**2．表达式语句**

一般形式为：表达式;

如："x=y+z;"是一条赋值语句。

**3．函数调用语句**

一般形式为：函数名(实参表);

如："z=min(x,y);"是一个函数调用语句，表示调用了自定义的 min 函数，把得到的结果赋值给变量 z。

### 4．复合函数

用一对大括号"{　}"括起来的一条或多条语句就称为一条复合语句。例如：

```
{
    x=y+z;
    a=b+c;
    printf("%d,%d",x,a);
}
```

是一条复合语句。

### 5．空语句

只有分号"；"组成的语句称为空语句。例如：

```
for(i=1;i<100;i++);
```

这条语句的功能是，for 语句一直循环，直到变量 i 的条件不成立，退出循环。这里的循环体就是空语句，因为 for 的后面只有分号，没有语句。

### （二）真题解析

【示例 3-1】以下程序运行后的输出结果是（　　）。（二级考试真题 2011.9）

```
#include <stdio.h>
int main()
{
    int a=37;
    a%=9;
    printf("%d\n",a);
    return 0;
}
```

正确答案：1

程序分析：定义了整型变量 a，初值为 37，执行 a%9 的结果赋值给 a，即 37%9 的结果赋值给 a，所以输出的 a 值为 1。

## 3.2　赋值语句

### （一）一般形式

一般形式为：<变量>=<表达式>;

### （二）注意事项

（1）在变量声明中，不允许连续给多个变量赋初值。

例如："int x=y=z=3;"这个语句是错误的。

必须写为：

int x=3,y=3,z=3; 或 int x,y,z; x=y=z=3;

赋值语句允许连续赋值。

（2）赋值表达式是一种表达式，可以出现在任何表达式可以出现的地方，而赋值语句则不能。例如：

下述语句是合法的：

while(n<=100)

```
{
    s=s+n;
    n=n+1;
}
```

该语句的功能是：1 到 100 求和。

下述语句是非法的：

```
while(n<=100;)
{
    s=s+n;
    n=n+1;
}
```

因为 "n<=100;" 是语句，不能出现在表达式中。

（3）赋值符号左侧必须是变量；右侧可以是常量，也可以是变量或者函数调用。

（4）赋值表达式的值就是它所赋的变量的值。

例如：a=3 是一个赋值表达式，执行该语句后，a 的值为 3，整个赋值表达式的值就是 a 的值 3。

**（三）真题解析**

【示例 3-2】以下程序运行后的输出结果是（　　）。（二级考试真题 2011.3）

```
#include<stdio.h>
int main()
{
    int x=10,y=20,t=0;
    if(x==y)
        t=x;
        x=y;
        y=t;
    printf("%d %d\n",x,y);
    return 0;
}
```

正确答案：20,0

程序分析："if(x==y) t=x;x=y;y=t;" 等价于 "if(x==y){t=x;}x=y;y=t;"（if 条件的执行语句只到第一个分号为止），题目中 if 条件不成立，所以不执行 "t=x"，接着往下执行 "x=y;y=t;"，因此 "x=20,y=0"。

## 3.3　数据的输入与输出

**（一）数据的输出函数**

**1．字符型数据输出函数——putchar()**

（1）一般形式：putchar(字符型表达式);

（2）功能：向终端（显示器）输出一个字符（可以是可显示的字符，也可以是控制字符或其他转义字符）。

### 2．格式输出函数——printf()

（1）一般形式：printf("格式控制字符串",输出表列);

（2）功能：按照用户指定的格式，向输出设备输出若干个任意类型的数据。

### 3．课本示例分析

【例3.1】字符数据的输出。

```c
#include <stdio.h>
int main()
{
    char c='a';
    int i=97;
    printf("%c,%d\n",c,c);
    printf("%c,%d\n",i,i);
    printf("%3c",c);
    return 0;
}
```

运行结果：

```
a,97
a,97
  a
```

由课本的例3.1可以看出：

① 一个整数，只要它的值在 0～255 范围内，则既可以用整数形式输出也可以用字符形式输出。反之，一个字符形式数据也可以用整数形式输出。

② 本例中的 "printf("%3c",c);" 即指定了输出字段的宽度为 3 个字符。这和整型数据格式一样，如果数据的位数小于 3，则左端补以空格补足 3 位；如果大于 3，则按照实际位数输出。本例中把字符 a 赋值给变量 c，所以变量 c 的输出位数小于 3，则在输出结果为 a 的左端补上 2 个空格。

【例3.2】用 printf 输出各种数据。

```c
#include <stdio.h>
#include <string.h>
int main()
{
    char c,s[20]="Hello,Comrade";
    int a=1234,i;
    float f=3.141592653589;
    double x=0.12345678987654321;
    i=12;
    c='\x41';
    printf("a=%d\n",a);          /*结果输出十进制整数 a=1234*/
    printf("a=%6d\n",a);         /*结果输出 6 位十进制数 a=  1234*/
```

```
    printf("a=%2d\n",a);              /*a 超过 2 位, 按实际值输出 a=1234*/
    printf("i=%4d\n",i);              /*输出 4 位十进制整数 i=   12*/
    printf("i=%-4d\n",i);             /*输出左对齐 4 位十进制整数 i=12   */
    printf("f=%f\n",f);               /*输出浮点数 f=3.141593*/
    printf("f=%6.4f\n",f);            /*输出 6 位其中小数点后 4 位的浮点数 f=3.1416*/
    printf("x=%lf\n",x);              /*输出长浮点数 x=0.123457*/
    printf("x=%18.16lf\n",x);         /*输出 18 位其中小数点后 16 位的长浮点数
                                          x=0.1234567898765432*/
    printf("c=%c\n",c);               /*输出字符 c=A*/
    printf("c=%x\n",c);               /*输出字符的 ASCII 码值 c=41*/
    printf("s[]=%s\n",s);             /*输出数组字符串 s[]=Hello,Comrade*/
    printf("s[]=%6.9s\n",s);          /*输出最多 9 个字符的字符串 s[]=Hello,Com*/
    return 0;
}
```

上面结果中的地址值在不同计算机上可能不同。Visual C++ 6.0 编译输出结果如图 2-3-2 所示。

图 2-3-2 例 3.2 运行结果

由课本的例 3.2 可以看出:

① 本例中的 "printf("i=%4d\n",i);" 指定了输出字段的宽度为 4 位。如果数据的位数小于 4, 则左端补空格以补足 4 位; 如果大于 4, 则按照实际位数输出。本例中变量 i 的值为 12, 其位数小于 4, 所以输出结果为 12 的左端补上 2 个空格。

② 本例中的 "printf("i=%-4d\n",i);" 出现了标志格式字符 "-", 要求结果左对齐, 右边填空格。本例中变量 i 的值为 12, 其位数小于 4, 并且含有标志格式字符 "-", 所以输出结果为 12 的右端补上 2 个空格。

③ 本例中的 "printf("f=%6.4f\n",f);" 指定了输出字段的宽度为 6 位, 其中有 4 位小数。如果数据的位数小于 6, 则左端补空格以补足 6 位。本例中变量 f 的值为 3.141 592 653 589, 其位数大于 6, 需要把变量 f 的值四舍五入成 6 位, 并且有 4 位小数 (其中小数点符号 "." 也占 1 位), 所以输出结果为 3.141 6。

④ 本例中的 "printf("s[]=%6.9s\n",s);" 指定了输出字段的宽度为 6, 只截取字符串左端 9 个字符。如果数据的位数小于 6, 则左端补空格以补足 6 位, 如果数据的位数大于 6, 则按照实际位数输出。本例中变量 s 的值为 "Hello,Comrade", 只取此字符串中的前 9 位, 其中包

括逗号、空格。截取的位数为 9 位,大于 6,结果按实际位数输出。所以输出结果为 Hello,Com。

**4．真题解析**

【示例 3-3】有以下程序（说明：字符 0 的 ASCII 码值为 48），若程序运行时从键盘输入 48（回车），则输出结果为（      ）。（二级考试真题 2014.3 ）

```
#include<stdio.h>
int main()
{
    char c1,c2;
    scanf("%d",&c1);
    c2=c1+9;
    printf("%c%c\n",c1,c2);
    return 0;
}
```

正确答案：09

程序分析：定义了两个字符型变量 c1、c2，从键盘输入 c1 的值为整型数据 48，字符 0 的 ASCII 码值为 48，而且 c1 是字符型变量，所以 c1 的值为字符'0'。然后执行 c2=c1+9，即 c2 的值为 57，所对应的字符为'9'。要求输出的 c1、c2 的数据类型为字符型，因此输出的字符为 09。

**（二）数据的输入函数**

**1．字符型数据输入函数——getchar()**

（1）一般形式：getchar()

（2）功能：从终端（键盘）输入一个字符，以回车键确认。getchar()函数没有参数，函数的返回值就是输入的字符。

**2．格式输入函数——scanf()**

（1）一般形式：scanf("格式控制字符串",地址列表);

（2）功能：按照用户指定的格式，从输入设备输入若干个指定类型的数据。

（3）注意事项：

① 在输入多个数值数据时，如果"格式控制字符串"中没有非格式字符作输入数据之间的间隔，则需要用空格、Tab 或回车作间隔。例如：

scanf("%d%d%d",&x,&y,&z);

输入：3 4 5

或

3
4
5

如果格式控制字符串中有非格式字符，则需要在输入数据时在对应位置上输入与这些字符相同的字符。例如：scanf("%d,%d,%d",&x,&y,&z);，则输入时各数据之间应加逗号 "，"，即输入为 3,4,5。

再如：scanf("%d %d %d",&x,&y,&z);，则输入时各数据之间应加空格，即输入为 3 4 5。

② 在输入字符数据时，如果格式控制字符串中没有非格式字符串，则认为所有输入字

符均为有效字符。例如：scanf("%c%c%c",&a,&b,&c);，若输入"b o y"，则把'b'赋值给 a,把' '（空格）赋值给 b，把'o'赋值给 c。只有当输入"boy"时，才能把'b'赋值给 a，'o'赋值给 b，'y'赋值给 c。

再如：scanf("%c %c %c",&a,&b,&c);，则输入时各数据之间应加空格，即输入为 boy。

再如：scanf("%c,%c,%c",&a,&b,&c);，则输入时各数据之间应加逗号","，即输入为 b,o,y。

3．课本示例分析

【例 3.4】用 scanf()函数输入数据。

```c
#include <stdio.h>
int main()
{
    int a,b,c;
    printf("input a,b,c\n");
    scanf("%d%d%d",&a,&b,&c);
    printf("a=%d,b=%d,c=%d",a,b,c);
    return 0;
}
```

解析如下：

（1）分析问题：设从键盘上输入的三个整数为 a、b、c，然后用输出函数输出这三个整数。

求解步骤如下：

① 定义三个变量 a、b、c；

② 从键盘上输入变量值；

③ 在显示器上显示输入的变量值；

④ 结束。

（2）画传统流程图。传统流程图如图 2-3-3 所示。

（3）编写程序。

（4）运行。运行结果如图 2-3-4 所示。

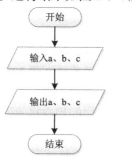

图 2-3-3　例 3.4 的算法传统流程图

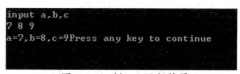

图 2-3-4　例 3.4 运行结果

【例 3.5】输入三角形的三个边长，求其周长和面积。（公式：area=$\sqrt{s(s-a)(s-b)(s-c)}$，其中 s=(a+b+c)/2）。

解析如下：

（1）分析问题：设实型变量 a、b、c 表示三角形的三个边长，实型变量 s、area 表示三角形周长的一半和面积。公式 area=$\sqrt{s(s-a)(s-b)(s-c)}$，s=(a+b+c)/2。

求解步骤如下：

① 输入三角形的边长 a、b、c；

② 计算周长的一半 s=(a+b+c)/2；

③ 计算面积 area=$\sqrt{s(s-a)(s-b)(s-c)}$；

④ 输出 a、b、c 的值；

⑤ 输出 s、area 的值；

⑥ 结束。

（2）画传统流程图。传统流程图如图 2-3-5 所示。

（3）编写程序。程序见课本例 3.5。

（4）运行。运行结果如图 2-3-6 所示。

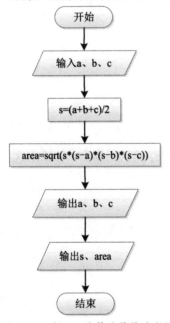

图 2-3-5　例 3.5 的算法传统流程图

图 2-3-6　例 3.5 运行结果

### 4．真题解析

【示例 3-4】设有以下语句 "char ch1,ch2;scanf("%c%c",&ch1,&ch2);"，若要为变量 ch1 和 ch2 分别输入 A 和 B，正确的输入形式应该是（　　）。（二级考试真题 2012.3）

　　A．A 和 B 之间用逗号间隔　　　　　　B．A 和 B 之间不能有任何间隔符

　　C．A 和 B 之间可以用回车间隔　　　　D．A 和 B 之间用空格间隔

正确答案：B

例题分析：在输入字符数据时，若格式控制字符串中没有非格式字符，则认为所有输入的字符均为有效字符，因此，在输入字符时 A、B 之间不能有任何间隔符。

【示例 3-5】若有定义 "int a,b;"，通过语句 "scanf("%d;%d",&a,&b);"，能把整数 3 赋给变量 a、5 赋给变量 b 的输入数据是（　　）。（二级考试真题 2011.9）

　　A．3 5　　　　B．3,5　　　　C．3;5　　　　D．35

正确答案：C

例题分析：在输入多个数值数据时，如果在格式控制字符串中有非格式字符，则在输入数据时在对应位置上应输入与这些字符相同的字符。因此在输入数值时应输入 3;5。

5．综合示例

【示例 3-6】已知长方体的长为 7，宽为 4，高为 3，求长方体的表面积和体积。用 scanf() 函数输入数据，输出计算结果，取小数点后两位小数。

（1）分析问题：设实型变量 a、b、h 表示长方体的长、宽、高，实型变量 s、v 分别表示长方体的表面积和体积。用表面积和体积公式求解。

求解步骤：

① 确定长方体的长、宽、高为 a、b、h；
② 计算长方体的表面积 s=2*(a*b+b*h+a*h )；
③ 计算长方体的体积 v=a*b*h；
④ 输出 s、v 的值；
⑤ 结束。

（2）画传统流程图。传统流程图如图 2-3-7 所示。

（3）编写程序。

```
#include<stdio.h>
int main()
{
    float a,b,h,s,v;
    printf("please input a,b,h:");
    scanf("%f,%f,%f",&a,&b,&h);
    s=2*(a*b+b*h+a*h);
    v=a*b*h;
    printf("s=%7.2f\n",s);
    printf("v=%7.2f\n",v);
    return 0;
}
```

（4）运行。输出结果如图 2-3-8 所示。

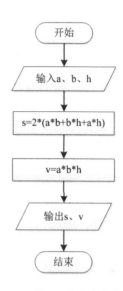

图 2-3-7　示例 3-6 的算法传统流程图

```
please input a,b,h:7,5,2
s= 118.00
v=  70.00
Press any key to continue
```

图 2-3-8　示例 3-6 运行结果

【示例 3-7】从键盘上输入两个小写字母，要求用大写字母形式输出该字母及对应的 ASCII 码值。

（1）分析问题：设字符型变量 ch1、ch2 分别表示两个小写字母，字符型变量 ch3、ch4 分别表示两个大写字母。利用小写字母和大写字母之间的关系求解（小写字母的 ASCII 码值比大写字母的大 32）。

（2）画传统流程图。传统流程图如图 2-3-9 所示。

（3）编写程序。

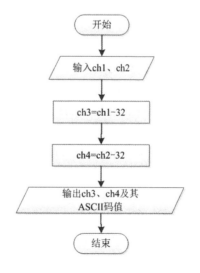

图 2-3-9　示例 3-7 算法传统流程图

```
#include<stdio.h>
int main()
{
    char ch1,ch2,ch3,ch4;
    printf("please input ch1,ch2:");
    scanf("%c%c",&ch1,&ch2);
    ch3=ch1-32;
    ch4=ch2-32;
    printf("%c,%d\n",ch3,ch3);
    printf("%c,%d\n",ch4,ch4);
    return 0;
}
```

（4）运行。输出结果如图 2-3-10 所示。

```
please input ch1,ch2:eh
E,69
H,72
Press any key to continue
```

图 2-3-10　示例 3-7 运行结果

# 【重点难点分析】

　　本章主要介绍 C 语言的一些基本语句以及怎样利用它们编写简单的程序，并且对 C 程序设计有一个初步的认识。本章需要重点掌握 printf()、scanf()函数的应用。熟练掌握 C 语言的5 种基本语句，尤其是赋值语句。难点是 printf()、scanf()函数中格式控制字符的应用，scanf()函数中非格式字符对输入数据的影响。

# 【部分课后习题解析】

　　1. 见课本 C 语言中的 5 类语句。

　　3. 变量 a 是 double 类型，在 scanf()函数中没有精度控制，如 "scanf("%5.2f",&a);" 是非法的。scanf()函数地址表列中要求给出的是变量的地址，若给出变量名则会出错。如 "scanf("%d",a);" 是非法的，应改为 "scanf("%d",&a);" 才是合法的。

　　6. 在 scanf()函数的格式字符串中，由于没有非格式字符在 "%d%d%d" 之间作输入时的间隔，因此在输入时要用一个以上的空格、Tab 制表符或回车键作为每两个输入数之间的间隔。

　　7. putchar()功能是向终端（显示器）输出一个字符（可以是可显示的字符，也可以是控制字符或其他转义字符）。

　　9. 在输入多个数值数据时，若格式控制字符串中没有非格式字符作输入数据之间的间隔，则可用空格、Tab 或回车作间隔。在输入字符数据时，若格式控制字符串中没有非格式字符，则认为所有输入的字符均为有效字符。

　　11. 参考程序：

```
#include<stdio.h>
```

```
#include<math.h>
#define PI 3.14
int main()
{
    float r,h,s,v;
    printf("please input r,h:");
    scanf("%f,%f",&r,&h);
    s=2*PI*r*r+2*PI*r*h;
    v=PI*r*r*h;
    printf("s=%.2f,v=%.2f",s,v);
    return 0;
}
```

12. 参考程序：

```
#include<stdio.h>
int main()
{
    int x,y,z;
    float s,ave;
    printf("please input x,y,z:");
    scanf("%d,%d,%d",&x,&y,&z);
    s=x+y+z;
    ave=(x+y+z)/3.0;
    printf("x=%d,y=%d,z=%d\n",x,y,z);
    printf("s=%f,ave=%f\n",s,ave);
    return 0;
}
```

13. 参考程序：

```
#include<stdio.h>
int main()
{
    char a,b;
    printf("please input a:");
    scanf("%c",&a);
    b=a-32;
    printf("%c\n",b);
    printf("%d\n",b);
    printf("%c\n",b+1);
    printf("%d\n",b+1);
    printf("%c\n",b-1);
    printf("%d\n",b-1);
```

```
    return 0;
}
```

14.　参考程序：

```
#include <stdio.h>
int main()
{
    float c,F;
    printf("please input F:");
    scanf("%f",&F);
    c=(5.0/9)*(F-32);
    printf("%4.2f\n",c);
    return 0;
}
```

# 【练习题】

## 一、填空题

1.　C 语言程序中引用标准输入输出库函数，必须在每个源文件的首部写下#include<_____>。

2.　一个程序行可以写一条或多条语句，每条语句总是以_____结束。

3.　在赋值表达式中，赋值符号的左侧只能是_____，不能是常量或_____。

4.　若有代数式 $x^2 \div (3x+5)$，则正确的 C 语言表达式为_____。

5.　若 x 为 int 型变量，则执行语句"x=7; x+=x-=x+x;"后 x 的值为_____。

## 二、选择题

1.　已知"int a;"，使用 scanf()函数输入一个整数给变量 a，正确的函数调用是（　　）。

　　A.　scanf("%d",a);　　　　　　　　B.　scanf("%d",&a);

　　C.　scanf("%f",&a);　　　　　　　　D.　scanf("%lf",&a);

2.　若有说明"int a,b;"，下面输入函数调用语句正确的是（　　）。

　　A.　scanf("%d%d",a,b);　　　　　　B.　scanf("%d%d",&a,&b);

　　C.　scanf(%d%d,a,b);　　　　　　　D.　scanf(%d%d,&a,&b);

3.　printf()函数中用到格式符%5s，其中数字 5 表示输出的字符串占用 5 列。如果字符串长度大于 5，则输出方式按（　　）。

　　A.　从左起输出该字符串，右补空格　　B.　原字符串长度从左向右全部输出

　　C.　右对齐输出该字符串，左补空格　　D.　输出错误信息

## 三、改错题（每题错误 5 处，要求列出错误所在的程序行号并修改）

1.　要求在屏幕上输出以下一行信息。

This is a C program.

程序如下：

（1）#include <stdoi.h>

（2）int main

（3）{

（4）printf("this is a C program.\n");

（5）return o;

（6）}}

2. 以下程序的功能是，输入长方形的两边长（边长可以取整数和实数），输出它的面积和周长。

（1）include<stdio.h>

（2）int main()

（3）{

（4）　　int a,b,s,l;

（5）　　scanf("%d,%d",a,b);

（6）　　s=a*b;

（7）　　l=a+b;

（8）　　printf("s=%f,l=%f\n",s,l);

（9）　　return 0

（10）}

## 四、读程序写结果

1．#include <stdio.h>

　　int main()

　　{

　　　int a,b;

　　　scanf("%2d%*2d%2d",&a,&b);

　　　printf("%d\n",a+b);

　　　return 0;

　　}

运行时输入 12345678，输出结果是_____。

2．#include <stdio.h>

　　int main()

　　{

　　　int a=3,b=5,x,y;

　　　x=a+1,b+6;

　　　y=(a+1,b+6);

　　　printf("x=%d,y=%d\n",x,y);

　　　return 0;

　　}

输出结果是_____。

## 五、编程序

输入两个实数 a、b，然后交换它们的值，最后输出。

【提示】要交换两个数得借助一个中间变量 temp。首先让 temp 存放 a 的值，然后把 b 存入 a，再把 temp 存入 b 就完成了。

# 第4章 分支结构程序设计

## 【知识框架图】

知识框架图如图 2-4-1 所示。

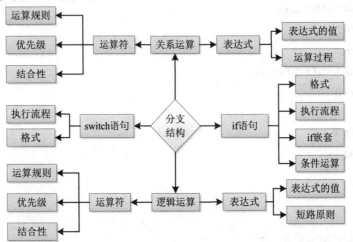

图 2-4-1 知识框架图

## 【知识点介绍】

### 4.1 关系运算

**（一）关系运算符**

**1. 六种关系运算符**

六种关系运算符分别是<、<=、>、>=、==、!=。

**2. 优先级**

关系运算符中的<、<=、>、>=优先级相同，比==、!=的优先级高。

**（二）关系表达式**

**1. 定义**

关系表达式是用关系运算符将两个及两个以上运算量连接起来的表达式。

**2. 示例**

【示例 4-1】已知 a=1，b=2，c=3，求解以下表达式的值。

（1）a<=b （2）a==b>c （3）f=c>b>a

答案：1、0、0

解析：

（1）表达式"a<=b"比较的结果为"真"，即表达式的值为 1。

（2）表达式"a==b>c"的值为"0"，因为">"的优先级高于"=="，所以该表达式等价于"a==(b>c)"，先求得"b>c"的值为 0，再与"=="右边的 a 比较，值不同，最后结果为"假"，即值为 0。

（3）当关系表达式参与其他种类的运算，如算术运算、逻辑运算、赋值运算等时，根据不同表达式间运算的优先顺序进行运算，本题中，应先求得"c>b"的值为 1，然后再用结果值"1">a 进行比较，值为 0，最后进行赋值运算。所以最后的结果为 0。（即先关系运算，后赋值运算。）

**（三）真题解析**

【示例 4-2】下列条件语句中，输出结果与其他语句不同的是（    ）。（二级考试真题 2011.9）

A. if(a)　　　printf("%d\n", x);　else printf("%d\n",y);

B. if(a==0)　printf("%d\n", y);　else printf("%d\n",x);

C. if(a!=0)　printf("%d\n", x);　else printf("%d\n",y);

D. if(a==0)　printf("%d\n", x);　else printf("%d\n",y);

正确答案：D

真题分析：A. if 语句中的表达式 a 即是 a!=0，此 if 语句为当条件 a!=0 成立时输出 x，否则输出 y；B. 此 if 语句为当条件 a==0 成立时输出 y，否则输出 x；C. 此 if 语句为当条件 a!=0 成立时输出 x，否则输出 y；D. 此 if 语句为当条件 a==0 成立时输出 x，否则输出 y。因此只有 D 选项和其他语句不同。

## 4.2　逻辑运算

### （一）逻辑运算符

**1．三种逻辑运算符**

三种逻辑运算符分别是&&、‖和！。

**2．运算规则**

（1）&&：当且仅当两个运算量的值都为"真"时，运算结果为"真"，否则为"假"。

（2）‖：当且仅当两个运算量的值都为"假"时，运算结果为"假"，否则为"真"。

（3）！：当运算量的值为"真"时，运算结果为"假"；当运算量的值为"假"时，运算结果为"真"。

**3．优先级和结合性**

（1）逻辑非（！）的优先级最高，逻辑与（&&）次之，逻辑或（‖）最低。

（2）它们的结合性不同，"！"的结合性为从右向左，"&&"和"‖"的结合性为从左向右。

**4．逻辑运算符与其他运算符的优先关系**

逻辑运算符与其他运算符的优先关系如图 2-4-2 所示。

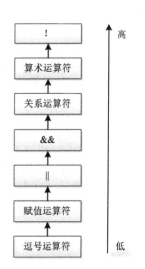

图 2-4-2　逻辑运算符和其他运算符的优先关系

### （二）逻辑表达式

#### 1．定义

用逻辑运算符将运算量连接起来的式子叫逻辑表达式。运算量可以是常量、变量和表达式，一般是关系表达式。

#### 2．示例

【示例 4-3】求解下列表达式的值。

（1）x=5，求!x。

（2）x=10，求 x>=11&&x<=25。

（3）a=3，b=5，求 a<2||b。

正确答案：0、0、1

解析：

（1）因为 x 的值为 5，表示非 0，代表"1"，对它进行"非"运算之后，即"非 1"，因此结果为 0。

（2）当 x 取值 10 时，表达式"x>=11"的值为 0，表达式"x<=25"的值为 1，因此该表达式相当于"0&&1"，所以最后结果为 0。

（3）由给定条件可知，该表达式相当于"0||1"，所以结果为 1。

#### 3．短路原则

在逻辑表达式的求解过程中，并不是所有的表达式都被执行，只是在必须执行下一个逻辑表达式才能求出整个表达式的结果时，才执行该表达式。

【示例 4-4】设 a=1、b=2、c=3，求以下表达式的值。

（1）a+b>c&&a>b&&b+2<c

（2）a<b&&c>=a+1&&b==a+1

（3）a+b>=c||a>b||b+2<c

（4）a>b||c>=a+1||b==a+1

正确答案：0、0、1、1

解析：

（1）按照表达式从左向右的执行过程，先计算表达式"a+b>c"的值为 0，根据短路原则，运算符"&&"后面的表达式不需要执行就可以知道整个表达式的结果，所以整个表达式的结果为 0。

（2）按照表达式从左向右的执行过程，先计算表达式"a<b"的值为 1，根据逻辑与的运算规则，并不能得到整个表达式的结果，还需要计算表达式"c>a+1"的值为 0，根据短路原则，运算符"&&"后面的表达式将不被执行，所以整个表达式的结果为 0。

（3）按照表达式从左向右的执行过程，先计算表达式"a+b>=c"的值为 1，根据短路原则，运算符"||"后面的表达式将不被执行，所以整个表达式的结果为 1。

（4）按照表达式从左向右的执行过程，先计算表达式"a>b"的值为 0，根据逻辑或的运算规则，并不能得到整个表达式的结果，还需要计算表达式"c>=a+1"的值为 1，根据短路原则，运算符"||"后面的表达式将不被执行，所以整个表达式的结果为 1。

### （三）真题解析

【示例 4-5】若有定义语句"int k1=10,k2=20;"，执行表达式"(k1=k1>k2) && (k2=k2>k1)"

后，k1 和 k2 的值分别为（　　）。（二级考试真题 2011.9）

  A．0 和 1   B．0 和 20   C．10 和 1   D．10 和 20

正确答案：B

程序分析：先执行第一个括号中的表达式"k1=k1>k2"，根据运算符的优先顺序，先算关系运算符，然后再算赋值运算符，所以第一个表达式结果为 0，根据逻辑运算符的短路原则，运算符"&&"后面的表达式将不被执行，整个表达式的结果为 0。因此，k1=0，k2=20。

## 4.3　if 语句

### （一）简单 if 语句

#### 1．一般格式

简单 if 语句的一般格式如下：

  if(条件)

   语句 1

  [else

   语句 2]

或 if(条件) 语句 1 [else 语句 2]

  例如：if(x<0)    或 if(x<0) y=-x; else y=x;

     y=-x;

    else

     y=x;

  又如：if(max<x)   或 if(max<x) max=x;

     max=x;

#### 2．注意事项

（1）if 语句中的"条件"必须用小括号括起来。

（2）条件一般是关系表达式或逻辑表达式，也可以是任意合法的 C 语言表达式。

（3）语句 1 和语句 2 是一条语句或一条复合语句，也可以是 if 语句嵌套。

（4）if 语句中的 else 子句可以存在，也可以省略。但是，else 子句必须和 if 配对使用，else 子句是不能单独存在的。

  例如：if(x>y)    或 max=x;

    max=x;     if(x<y) max=y;

   else

    max=y;

（5）在 C 语言程序设计中，经常用逻辑表达式"!x"代替关系表达式"x==0"，用算术表达式"x"代替关系表达式"x!=0"等。

  例如：if(!x)　x=x*x;printf("%d\n",x);  或 if(x)　printf("not\n");

#### 3．执行过程

两种形式的 if 语句执行流程分别如图 2-4-3 和图 2-4-4 所示。图 2-4-3 首先判断条件是不是成立，如果条件成立，则执行语句 1，否则执行语句 2，然后向下执行；图 2-4-4 首先判断条件是不是成立，当条件成立时，则执行语句 1，否则直接转向下执行。

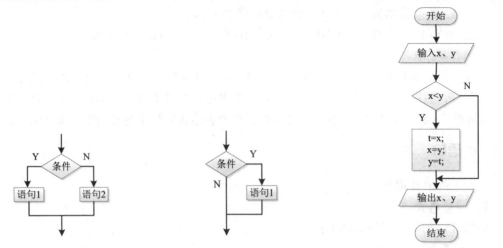

图 2-4-3　if-else 语句执行流程图　　图 2-4-4　没有 else 的 if 语句执行流程图　　图 2-4-5　例 4.1 传统流程图

### 4．课本示例分析

【例 4.1】任意读入两个整数 x、y，编程将较大的数存入 x，较小的数存入 y。

（1）分析问题：参考课本例 4.1 的分析。

（2）画传统流程图。传统流程图如图 2-4-5 所示。

（3）编写程序。程序参考课本例 4.1。

（4）运行程序。Visual C++ 6.0 编译输出结果如图 2-4-6 所示。

图 2-4-6　例 4.1 运行结果

【例 4.2】输入一个整数，判别它是否能被 5 整除。若能被 5 整除，输出 Yes；否则，输出 No。

（1）分析问题：先将变量 n 的值从键盘输入，然后判别 n 是否能被 5 整除。若能被 5 整除，输出 Yes，不能被 5 整除，输出 No。

（2）画传统流程图。传统流程图如图 2-4-7 所示。

（3）编写程序。程序参考课本例 4.2。

（4）运行程序。Visual C++ 6.0 编译输出结果如图 2-4-8 所示。

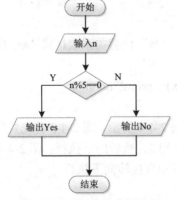

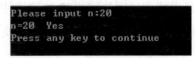

图 2-4-7　例 4.2 传统流程图　　　　　　图 2-4-8　例 4.2 运行结果

【例 4.3】解一元二次方程 $ax^2+bx+c=0$。

（1）分析问题：参考课本例 4.3 的分析。

（2）画传统流程图。传统流程图如图 2-4-9 所示。

（3）编写程序。程序参考课本例 4.3。

（4）运行程序。Visual C++ 6.0 编译输出结果如图 2-4-10 所示。

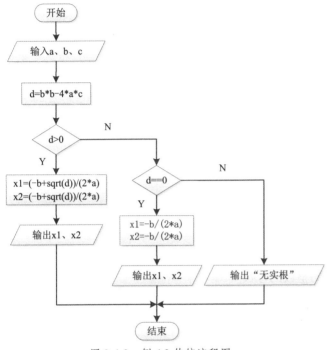

图 2-4-9 例 4.3 传统流程图　　　　　图 2-4-10 例 4.3 运行结果

### （二）if 语句的嵌套

#### 1. if 语句的嵌套格式

在一个 if 语句的内嵌语句（格式中的语句 1 或语句 2）中又包含另一个 if 语句，从而构成的程序结构称为 if 语句的嵌套。if 语句的嵌套结构主要用来解决多分支选择的问题。内嵌的 if 语句既可以嵌套在 if 子句（语句 1）中，也可以嵌套在 else 子句（语句 2）中，因而形成了各种各样的 if 语句的嵌套形式。

例如：

（1）if 子句中内嵌 if 语句形成的嵌套。

```
if(条件 1)
    if(条件 2)    语句 1
    else         语句 2
else
    语句 3
```

（2）esle 子句中内嵌 if 语句形成的嵌套。

```
if(条件 1)
    语句 1
else
```

```
        if(条件 2)    语句 2
        else         语句 3
```

（3）if 子句和 else 子句中同时内嵌 if 语句。

```
    if(条件 1)
        if(条件 2)    语句 1
        else         语句 2
    else
        if(条件 3)    语句 3
        else         语句 4
```

（4）在 if 子句和 else 子句中嵌套不含 else 子句的 if 语句。

```
    if(表达式 1)
    {
      if(表达式 2)
        语句 1
    }
    else
        语句 2
```

## 2．课本示例分析

【例 4.4】求一个不多于 5 位数的整数的位数。

（1）分析问题。参考课本例 4.4 的分析。

（2）画传统流程图。传统流程图如图 2-4-11 所示。

（3）编写程序。程序参考课本例 4.4。

（4）运行程序。Visual C++ 6.0 编译输出结果如图 2-4-12 所示。

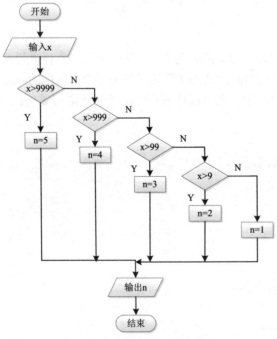

图 2-4-11　例 4.4 传统流程图　　　　图 2-4-12　例 4.4 运行结果

【例 4.5】读入 x，当 x 介于 6 和 10 之间时，在屏幕上显示"有效数值"，否则显示"数值无效"。

（1）分析问题。从键盘上输入 x，判断 x 是否在 6 和 10 之间。如果在 6 和 10 之间，则显示"有效数值"，否则，显示"数值无效"。

（2）画传统流程图。传统流程图如图 2-4-13 所示。

（3）编写程序。程序参考课本例 4.5。

（4）运行程序。Visual C++ 6.0 编译输出结果如图 2-4-14 所示。

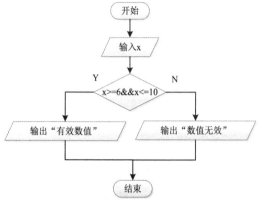

图 2-4-13　例 4.5 传统流程图　　　　　　　图 2-4-14　例 4.5 运行结果

【例 4.6】输入 x、y 两个整数的值，比较大小并输出结果。

（1）分析问题。从键盘上输入 x、y 的值，比较两者的大小之后，把相应的结果输出。

（2）画传统流程图。传统流程图如图 2-4-15 所示。

（3）编写程序。程序参考课本例 4.6。

（4）运行程序。Visual C++ 6.0 编译输出结果如图 2-4-16 所示。

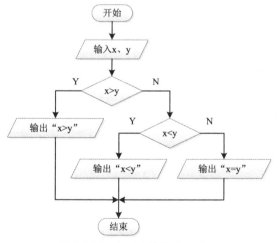

图 2-4-15　例 4.6 传统流程图　　　　　　　图 2-4-16　例 4.6 运行结果

【例 4.7】编写程序，根据输入的学生成绩，给出相应的等级。90 分以上的等级为 A，60 分以下的等级为 E，其余的每 10 分为一个等级。

（1）分析问题。从键盘上输入学生的成绩 g，并对学生的成绩分了 5 个等级，把成绩 g 所属等级输出。

（2）画传统流程图。传统流程图如图 2-4-17 所示。

（3）编写程序。程序参考课本例 4.7。

（4）运行程序。Visual C++ 6.0 编译输出结果如图 2-4-18 所示。

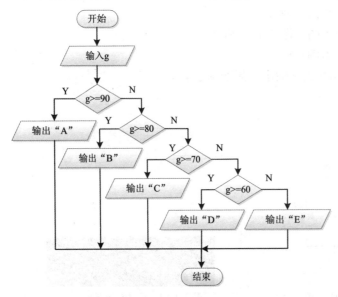

图 2-4-17　例 4.7 传统流程图　　　　　　　图 2-4-18　例 4.7 运行结果

### 3．真题解析

【示例 4-6】有以下程序，程序运行后的输出结果是（　　）。（二级考试真题 2010.3）

```c
#include <stdio.h>
int main()
{
    int a=1,b=2,c=3,d=0;
    if(a==1)
        if(b!=2)
            if(c==3)    d=1;
            else    d=2;
        else    if(c!=3)    d=3;
                else    d=4;
    else    d=5;
    printf("%d\n",d);
    return 0;
}
```

正确答案：4

　　程序分析：多个 if 语句的嵌套，当 if 和 else 不成对时，else 子句总是与其前面最近的不带 else 子句的 if 子句相结合。因此该程序可以写成：

```c
    if(a==1)
    {
```

```
    if(b!=2)
      {
        if(c==3)   d=1;
        else   d=2;
      }
    else
      {
        if(c!=3)    d=3;
        else            d=4;
      }
  }
else   d=5;
```

根据分析可以得出结果为 4。

**（三）条件运算**

**1．条件运算符**

（1）运算符"?"和":"。

条件运算符是由"?"和":"两个符号组成，要求
有三个运算量，是 C 语言中唯一一个三目运算符。

（2）与其他运算符的运算优先级如图 2-4-19 所示。

**2．条件表达式**

（1）一般形式：

表达式1?表达式2:表达式3

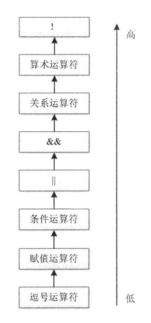

图 2-4-19 条件运算符与其他运算符
的优先级关系

（2）执行过程：

先计算表达式 1，如果表达式 1 的值为非 0（逻辑"真"），则计算表达式 2，并将它的值
作为整个条件表达式的结果；否则计算表达式 3，并将它的值作为整个条件表达式的结果。

**3．使用规则**

（1）"?"和":"共同组成了条件运算符，不能分开单独使用。

（2）条件表达式也有嵌套的情况，即条件表达式中又包含了条件表达式，例如
"a>b?a:c>d?c:d"，此时应按照条件表达式从右向左的结合顺序进行求值，该表达式等价于
"a>b?a:(c>d?c:d)"，应先计算最右边的条件表达式，然后将其结果作为前面条件运算符的表
达式 3。

（3）在条件表达式中，3 个表达式的数据类型可以不同，此时表达式的类型取三者中较
高的类型。例如，若 a 为 int 型，b 为 float 型，则对于表达式"c>5?a:b"，无论 c 如何取值，
表达式的类型都为 float 型。

（4）并不是所有的 if 语句都能用条件表达式取代。通常在满足下面两个条件的情况下
才可以：

① 无论条件真或假，执行的都只有一条简单语句。

② 这条语句是给同一个变量赋值的语句。

例如：

if(x>y) z=x;

```
    else    z=y;
```

满足上面两种情况，所以可以用条件表达式"z=(x>y)?x:y"来代替。

4．真题解析

【示例 4-7】以下程序段中，与语句"k=a>b?(b>c?1:0):0;"功能相同的是（　　）。（二级考试真题 2009.3）

A.  if((a>b)&&(b>c)) k=1;
    else k=0;

B.  if((a>b)||(b>c)) k=1;
    else k=0;

C.  if(a<=b) k=0;
    else if(b<=c) k=1;

D.  if(a>b) k=1;
    else if(b>c) k=1;
        else k=0;

正确答案：A

例题分析：先执行括号里的条件表达式，如果条件为真，则结果为 1，否则结果为 0。然后再执行外面的条件表达式，如果条件为真，则结果为 1，否则为 0。也就是只有当 a>b 和 b>c 这两个条件都为真的时候，结果才为 1，否则结果就为 0。因此转换为 if 语句的条件即为"(a>b)&&(b>c)"。

**（四）综合示例**

【示例 4-8】编制程序，要求输入整数 a 和 b，若 $a^2+b^2$ 大于 100，则输出 $a^2+b^2$ 百位以上的数字，否则输出两数之和。

（1）分析问题。从键盘上输入两个整数 a、b，然后判断 $a^2$ 和 $b^2$ 之和是否大于 100，如果两者之和大于 100，则输出两者之和的百位数以上的数值，否则，则输出 a 和 b 的和。

（2）画传统流程图。传统流程图如图 2-4-20 所示。

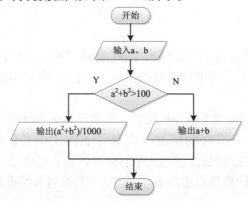

图 2-4-20   示例 4-8 的传统流程图

（3）编写程序。参考程序如下：

```c
#include <stdio.h>
int main()
{
    int a,b;
    printf("please input a,b: ");
    scanf("%d,%d",&a,&b);
    if(a*a+b*b>100)
```

```
        printf("a*a+b*b 百位以上的数字是:%d\n",(a*a+b*b)/1000);
    else
        printf("a+b=%d\n",a+b);
    return 0;
}
```

（4）运行程序。Visual C++ 6.0 编译输出结果如图 2-4-21 所示。

图 2-4-21　示例 4-8 运行结果

【示例 4-9】输入 3 个整数，按从大到小的顺序输出。

（1）分析问题。从键盘上输入三个整数 a、b、c，然后对 a、b、c 进行比较，如果 a<b，则把 a、b 的值进行交换，否则，再把 a 与 c 进行比较，如果 a<c，则把 a、c 的值进行交换，否则再把 b 与 c 进行比较，如果 b<c，则把 b、c 的值进行交换，否则，就从大到小输出 a、b、c 的值。这个程序中，关键定义一个中间变量 t，用于实现两者之间的交换。

（2）画传统流程图。传统流程图如图 2-4-22 所示。

（3）编写程序。参考程序如下：

```
#include<stdio.h>
int main()
{
    int a,b,c,t;
    scanf("%d%d%d",&a,&b,&c);
    if(a<b){t=a;a=b;b=t;}
    if(a<c){t=a;a=c;c=t;}
    if(b<c){t=b;b=c;c=t;}
    printf("%d,%d,%d\n",a,b,c);
    retutn 0;
}
```

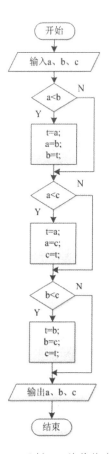

图 2-4-22　示例 4-9 的传统流程图

（4）运行程序。Visual C++ 6.0 编译输出结果如图 2-4-23 所示。

```
16 14 20
20,16,14
Press any key to continue
```

图 2-4-23　示例 4-9 运行结果

## 4.4　switch 语句

### 1．语法格式

```
switch(表达式)
{
```

```
    case 常量表达式 1:语句 1
    case 常量表达式 2:语句 2
    ……
    case 常量表达式 n:语句 n
    default:语句 n+1
  }
```

switch 语句是处理多路分支结构的语句。switch 语句中的表达式可以是整型表达式和字符型表达式。switch 语句中的 case 和常量表达式之间有个空格，并且常量表达式的值在运行前必须是确定的。

**2．执行过程**

（1）根据 switch 后面的表达式的值选择对应的 case 语句。

（2）case 后面的常量表达式就是程序的入口标号，程序从此标号开始执行，不再进行标号判断，所以必要时加上 break 语句，以便结束 switch 语句。

**3．课本示例分析**

【例 4.10】用 switch 语句编写程序，根据输入的学生成绩，给出相应的等级。90 分以上的等级为 A，60 分以下的等级为 E，每 10 分为一个等级。

（1）分析问题。从键盘上输入学生的成绩 g，并对学生的成绩分了 5 个等级，把成绩 g 所属等级输出。

（2）画传统流程图。传统流程图如图 2-4-24 所示。

（3）参考程序。程序参考课本例 4.10。

（4）程序结果。Visual C++ 6.0 编译输出结果如图 2-4-25 所示。

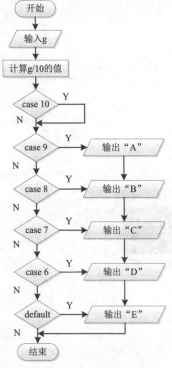

图 2-4-24　例 4.10 传统流程图

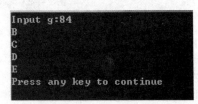

图 2-4-25　例 4.10 运行结果

【例 4.11】用 break 语句修改上面的程序。

（1）分析问题。从键盘上输入学生的成绩 g，并对学生的成绩分了 5 个等级，把成绩 g 所属等级输出。

（2）画传统流程图。传统流程图如图 2-4-26 所示。

（3）编写程序。程序参考课本例 4.11。

（4）运行程序。Visual C++ 6.0 编译输出结果如图 2-4-27 所示。

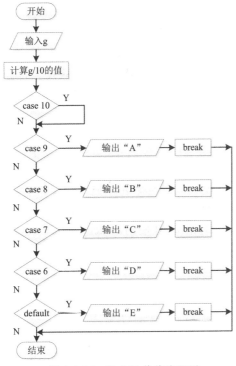

图 2-4-26　例 4.11 传统流程图

图 2-4-27　例 4.11 运行结果

## 4．真题解析

【示例 4-10】有以下程序：

```c
#include<stdio.h>
int main()
{
    int s;
    scanf("%d",&s);
    while(s>0)
    {
        switch(s)
        {
            case 1:printf("%d",s+5);
            case 2:printf("%d",s+4);break;
            case 3:printf("%d",s+3);
            default:printf("%d",s+1);break;
```

```
        }
        scanf("%d",&s);
    }
    return 0;
}
```

运行时，若输入 1 2 3 4 5 0<回车>，则输出结果是（　　）。（二级考试真题 2011.3）

   A. 6 5 6 64 5 6　　　B. 6 6 6 5 6　　　C. 6 6 6 6 6　　　D. 6 6 6 6 5 6

正确答案：A

程序分析：switch 语句执行完一个 case 后面的语句后，流程控制转移到下一个 case 继续执行，遇到 break 语句会跳出本次循环。在本题中输入 1 时会输出 65，输入 2 时会输出 6，输入 3 时会输出 64，输入 4 时会输出 5，输入 5 时会输出 6，输入 0 时，while(s>0)不成立，循环结束。

## 【重点难点分析】

本章需要重点掌握分支结构程序设计当中的 if 语句和 switch 语句。能熟练掌握 if 语句中的两种表达式，即关系表达式和逻辑表达式。难点是 if 语句的嵌套使用和 switch 语句的使用，在使用 if 语句的嵌套时要注意 if()与 else 的配对情况，在使用 switch 语句时要会构造 switch 后面的表达式。

## 【部分课后习题解析】

1. 见课本分支结构程序设计的介绍。

2. 关系运算是比较两个运算量大小关系的"比较运算"，是一种简单的逻辑运算，并且关系运算符的优先级高于赋值运算符，因此优先计算关系运算符。"a>b>c"即先得到"a>b"的逻辑值为"真"，即为 1，然后再判断"1>c"的逻辑值为"假"，即为 0。最后把 0 赋值给变量 f。

3. C 语言规定，if 和 else 不成对时，else 子句总是与其前面最近的不带 else 子句的 if 子句相结合，与书写格式无关。

5. switch 是 C 语言中的关键字，switch 语句通常都与 break 语句联合使用。使用时，在 case 之后的语句最后加上 break 语句，这样，每次当执行到 break 语句时，将立即跳出 switch 语句体。default 也是 C 语言中的关键字，在 switch 结构中可以有也可以省略。表示当前面的 case 语句都不满足时所要进行的操作，default 可以出现在语句体中的任何标号位置上。多个 case 语句可以共用一组执行语句。

6. case 后面的常量表达式仅起语句标号作用，并不进行条件判断。系统一旦找到入口标号，就从此标号开始执行，不再进行标号判断，所以必要时加上 break 语句，以便结束 switch 语句。break 语句只能在 switch 语句和循环语句中使用。

7. 在计算逻辑表达式时，有一条特殊原则，我们称之为短路原则。所谓的短路原则是指在逻辑表达式的求解过程中，并不是所有的表达式都被执行，只是在必须执行下一个逻辑表达式才能求出整个表达式的解时，才执行该表达式。

8. 参考程序：

```
#include<stdio.h>
int main()
```

```
{
    int x;
    scanf("%d",&x);
    if(x%2==0)
        printf("%d\n",x/2);
    else
        printf("%d\n",x*2);
    return 0;
}
```

11. 参考程序：

```
#include<stdio.h>
#include<math.h>
int main()
{
    float x;
    printf("please input x:");
    scanf("%f",&x);
    if(x>=1&&x<2)
        printf("%f\n",x+3);
    if(x>=2&&x<3)
        printf("%f\n",2*(sin(x))-1);
    if(x>=3&&x<5)
        printf("%f\n",5*(cos(x))-3);
    return 0;
}
```

12. 参考程序：

```
#include<stdio.h>
int main()
{
    int f;
    printf("Input f:");
    scanf("%d",&f);
    switch(f/10)
    {
        case 10:
        case 9: printf("优秀\n");break;
        case 8: printf("良好\n");break;
        case 7: printf("中等\n");break;
        case 6: printf("及格\n");break;
        default: printf("补考\n");
```

```
    }
    return 0;
}
```

# 【练习题】

## 一、填空题

1. 若有说明语句 "int x=1,y=0;"，则表达式 "x>(y+x)?10:12.5>y++?2:3" 的值为_____；表达式 "!(3<6)||(4<9)" 的值为_____。

2. 为了避免 if 嵌套条件语句的二义性，C 语言规定_____与其前面最近的未匹配的_____语句配对。

3. 在 C 语言中，逻辑 "假" 值用_____表示，逻辑 "真" 值用_____表示。

4. 已知 "char c=48;int i=1,j=10;"，执行语句 "j=!(c>j)&&i++;" 后，i 和 j 的值分别是_____和_____。

5. 在所有的运算符中，优先级别最低的是_____，其次是_____。

6. 在程序设计过程中，我们使用_____或者_____来实现多分支结构。

## 二、选择题

1. 若要求在 if 后表示条件 "a 不等于 0 成立"，则能正确表示这一关系的表达式为（   ）。

     A. a< >0          B. !a          C. a=0          D. a

2. 以下不正确的 if 语句是（   ）。

     A. if(x>y) printf("%d\n",x);

     B. if (x=y)&&(x!=0) x+=y;

     C. if(x!=y) scanf("%d",&x);else scanf("%d",&y);

     D. if(x<y) {x++;y++;}

3. 能正确表示 a≥10 或 a≤0 的关系表达式是（   ）。

     A. a>=10 or a<=0          B. a>=10 | a<=0

     C. a>=10 && a<=0          D. a>=10 || a<=0

4. 以下的 if 语句中，x 的值一定会被重新赋值的是（   ）。

     A. if(x==y) x+=y;          B. if(x>y && x!=y );

                                     x+=y;

     C. if(x!=y)                D. if(x<y)

         scanf("%d",&x);             {x++;y++;}

    else

         scanf("%d",&y);

5. 对于整型变量 x，下述 if 语句中，与赋值语句 "x=x%2==0?1:0;" 不等价的是（   ）。

     A. if(x%2!=0) x=0; else x=1;          B. if(x%2) x=1; else x=0;

     C. if(x%2==0) x=1; else x=0;          D. if(x%2==1) x=0; else x=1;

6. 以下程序的运行结果是（   ）。

```
int main()
{
    int n='e';
    switch(n--)
    {
```

```
        default: printf("error");
        case 'a':
        case 'b': printf("good"); break;
        case 'c': printf("pass");
        case 'd': printf("warn");
    }
    return 0;
}
```

A．error      B．good      C．error good      D．warn

7．若有定义"int a=1,b=2,c=3;"，则执行以下程序段后 a、b、c 的值分别为（   ）。

```
if(a<b)
{c=a;a=b;b=c;}
```

A．a=1,b=2,c=3          B．a=2,b=3,c=1

C．a=2,b=3,c=3          D．a=2,b=1,c=1

8．若有定义"int x=1,y=2,z=4;"，则以下程序段运行后 z 的值为（   ）。

```
if(x>y) z=x+y;
else z=x-y;
```

A．3      B．-1      C．4      D．不确定

9．下列运算符运算级别最高的是（   ）。

A．&&      B．+=      C．>=      D．!

10．逻辑运算符两侧运算对象的数据（   ）。

A．只能是 0 或 1          B．只能是 0 或非 0 正数

C．只能是整型或字符型数据          D．可以是任何类型的数据

**三、改错题（每题错误 5 处，要求列出错误所在的程序行号并修改）**

1．编程计算下面分段函数，输入 x，输出 y。

$$y = \begin{cases} x-1, & x < 0 \\ 2x-1, & 0 \le x \le 10 \\ 3x-11, & x > 10 \end{cases}$$

```
（1）    #include <stdio.h>
（2）    int main()
（3）    {   int x,y;
（4）        printf("\n Input x:\n");
（5）        scanf("%d", x);
（6）        if(x<0)
（7）           y=x-1;
（8）        else if(x>=0||x<=10)
（9）           y=2x-1;
（10）        else
（11）           y=3x-1;
（12）        printf("y=%d",&y);
```

（13）　　　return 0;

（14）　　　}

2. 从键盘输入三角形的三边长, 求其面积, 若三个边长不能构成三角形, 则提示出错。如输入 6　9　11,
输出 26.98。

（1）　　#include <stdio.h>

（2）　　#include <math.h>

（3）　　int main

（4）　　{

（5）　　float a,b,c,s,area;

（6）　　printf("Please input 3 numbers:\n");

（7）　　scanf("%f%f%f",a, b, c);

（8）　　if( a+b>c || b+c>a || a+c>b );

（9）　　{

（10）　　s=(a+b+c)/2;

（11）　　area=sqrt(s*(s-a)*(s-b)*(s-c));

（12）　　printf("area is %.2f\n",&area);

（13）　　}

（14）　　else

（15）　　printf("error.\n");

（16）　　return 0;

（17）　　}

## 四、读程序写结果

1. 程序运行后的输出结果是_____。

```
#include <stdio.h>
int main()
{
 int a=12,b=-34,c=56,min=0;
 min=a;
 if(min>b)
     min=b;
 if(min>c)
     min=c;
 printf("min=%d", min);
 return 0;
}
```

2. 此程序的 y 值为_____。

```
#include <stdio.h>
int main()
{
 int x=l0,y;
```

```
    if(x<20)
        y=100;
    if(x>4)
        y=55/x;
    else
        y=l0;
    printf("%d",y);
    return 0;
}
```

3. 程序运行后的输出结果是_____。

```
#include <stdio.h>
int main()
{
    int a=15,b=21,m=0;
    switch(a%3)
    {
        case 0:m++;break;
        case 1:m++;
        switch(b%2)
        {
            default:m++;
            case 0:m++;break;
        }
    }
    printf("%d\n",m);
    return 0;
}
```

4. 如果程序可以正常运行，则从键盘输入字符 A 时，输出的结果为_____。

```
#include<stdio.h>
int main()
{
    char ch;
    ch=getchar();
    switch (ch)
    {
        case 65: printf("%c",'A');
        case 66: printf("%c",'B');
        default: printf("%s","other");
    }
    return 0;
```

```
    }
```

5. 如果运行时输入字符'Q'，则以下程序的运行结果是_____。

```
#include <stdio.h>
int main()
{
    char ch;
    scanf("%c",&ch);
    ch=(ch>='A'&&ch<='Z')?(ch+32):ch;
    ch=(ch>='a'&&ch<='z')?(ch-32):ch;
    printf("%c",ch);
    return 0;
}
```

## 五、编程序

1. 试编程判断输入的正整数是否既是 5 又是 7 的整数倍，若是输出 yes，否则输出 no。

2. 输入 3 个整数，按从大到小的顺序输出。

# 第5章 循环结构程序设计

## 【知识框架图】

知识框架图如图 2-5-1 所示。

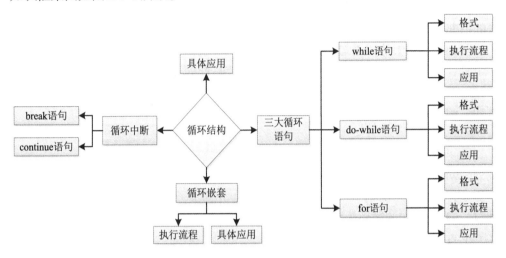

图 2-5-1　知识框架图

## 【知识点介绍】

### 5.1　while 循环

#### （一）while 语句

**1. 当型循环定义**

所谓"当型循环"，是指当循环条件成立时就执行一次循环体的程序结构，这种循环结构可以用 while 语句来实现。

**2. while 语句一般格式**

　　while(条件) 语句

或

　　while(条件)
　　　语句

**3. 执行流程**

while 语句的执行流程如图 2-5-2 所示。

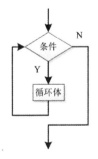

图 2-5-2　while 语句流程图

**4. 示例**

n=1;s=0;

while(n<=100)

```
{
    s=s+n;
    n=n+1;
}
```

上述代码的执行过程如下：n 的初值为 1，s 的初值为 0，当 n<=100 时，执行语句"s=s+n;"和"n=n+1;"两个循环体语句，然后跳转到前面，再判断 n<=100 是否依然成立，如果成立则再次执行循环体语句，然后再跳转进行判断，如此循环，当 n<=100 不成立时，循环结束。

**5. 说明**

（1）while 语句中的"条件"一般是关系表达式或逻辑表达式，也可以是一般表达式。表达式的值非 0 为"真"，表示条件成立；0 为"假"，表示条件不成立。

（2）while 语句中的"语句"就是多次重复执行的循环体，它可以是一个 C 语句，也可以是一个复合语句，特殊情况下也可以是一个空语句。此处注意：如果不用复合语句（即用{循环体}的形式），那么，循环体只到第一个分号处。

例如：while(n<=100)

    s=s+n;

    n=n+1;

此处，while 语句的循环体只有"s=s+n;"这一个语句。

再比如：while(n<=100)；

此时，while 语句的循环体为空语句。

**（二）真题解析**

【示例 5-1】有以下程序：

```
#include<stdio.h>
int main()
{
    int n=2,k=0;
    while(k++&&n++>2);
    printf("%d %d\n",k,n);
    return 0;
}
```

程序运行后的输出结果是（　　）。（二级考试真题 2009.9）

 A. 0,2   B. 1,3   C. 5,7   D. 1,2

正确答案：D

程序分析：程序中，while 循环的循环体为空，n 和 k 的初值分别为 2 和 0，while 中的条件"k++&&n++>2"，其中，k++是先用后加，即先用 k 的值 0 进行&&运算，根据短路原则，可以判断出整个表达式的值为"假"，后面的"n++>2"不再执行，此时，k 值为 1，n 值保持不变依然是 2。

## 5.2　do-while 循环

### （一）do-while 语句

#### 1．一般格式

```
do
{
    语句
}while(条件);
```

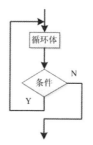

图 2-5-3　do-while 语句流程图

#### 2．执行流程

do-while 语句的执行流程如图 2-5-3 所示。

#### 3．示例

例如：i=1;s=1;

```
do
{
 s=s*i;
 i=i+1;
}while(i<=100);
```

上述代码的执行过程如下：i 的初值为 1，s 的初值为 1，先执行"s=s*i;"和"i=i+1;"两个循环体语句，然后判断 i<=100 是否成立，如果成立则再次执行循环体语句，然后再进行判断，如此循环，当 i<=100 不成立时，循环结束。

#### 4．说明

（1）do 是 C 语言的关键字，在此结构中必须和 while 联合使用。

（2）do-while 结构的循环由 do 关键字开始，用 while 关键字结束；在 while 结束后必须有分号，它表示该语句的结束。其他语句成分与 while 语句相同。

### （二）真题解析

【示例 5-2】以下程序运行后的输出结果是（　　）。（二级考试真题　2009.9）

```
#include <stdio.h>
int main()
{
    int a=1,b=7;
    do{
        b=b/2;
        a+=b;
    } while (b>1);
    printf("%d\n",a);
    return 0;
}
```

正确答案：5

程序分析：先执行循环体"b=b/2;a+=b;"后，b 的值变为 3，a 的值变为 4，然后判断"b>1"

为 "真"，继续执行循环体 "b=b/2;a+=b;"，b 的值变为 1，a 的值变为 5，再判断 "b>1"，此时为 "假"，循环结束，所以最终 a 的值是 5。

## 5.3 for 循环

**（一）for 语句**

**1．一般格式**

for 语句是使用最为灵活的循环语句，可以实现循环次数明确的循环结构，也可以实现 while 和 do-while 语句实现的循环。

for 语句的一般格式：

    for(表达式 1;表达式 2;表达式 3)

        语句

**2．执行流程**

for 语句的执行流程如图 2-5-4 所示。

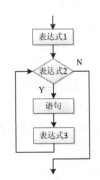

图 2-5-4   for 语句执行流程图

**3．示例**

例如：for(i=1,s=0;i<=100;i++)

        s=s+i;

上述代码的执行过程如下：先执行表达式 1，让 i 的初值为 1，s 的初值为 0，然后判断表达式 2 "i<=100" 是否成立，如果成立，执行循环体语句 "s=s+i;"，然后执行表达式 3 "i++"，跳转回表达式 2 再判断 i<=100 是否成立，如果成立则再次执行循环体语句和表达式 3，然后再跳转到表达式 2 进行判断，如此循环，当 i<=100 不成立时，循环结束。

**4．说明**

（1）for 是 C 语言中的关键字，三个表达式之间必须用分号 ";" 隔开。

（2）三个表达式可以是任意形式的、合法的 C 语言表达式，其中 "表达式 1" 常用于循环变量初始化；"表达式 2" 是循环的条件；"表达式 3" 常用于循环变量的调整。

（3）"语句" 就是循环体，可以是一条语句或一条复合语句，也可以是空语句，与 while、do-while 循环语句相同。如：

    for(i=1;i<=100;i++);

这种情况下，三个表达式正常执行，只是循环体什么也不做，当 i 加到 100 时，循环自动终止。这种循环通常是为了实现一个时间延迟。

（4）for 语句中的三个表达式可以部分或全部省略，但是表达式后面的分号不可省略。

**（二）真题解析**

【示例 5-3】有以下程序：

```c
#include<stdio.h>
int main()
{
    int a=1,b=2;
    for(;a<8;a++)
    {
        b+=a;
```

```
        a+=2;
    }
    printf("%d,%d\n",a,b);
    return 0;
}
```

程序运行后的输出结果是（　　）。（二级考试真题 2010.3）

　　A．9,18　　　　B．8,11　　　　C．7,11　　　　D．10,14

正确答案：D

程序分析：a 初值为 1，b 初值为 2，此时 a<8 成立，执行"b+=a;a+=2;"，b 值变为 3，a 值变为 3，然后执行 a++，a 变为 4，再回去执行表达式 2，a<8 依然成立，继续执行循环体 "b+=a;a+=2;"，b 变为 7，a 变为 6，再执行 a++，a 变为 7，此时判断 a<8 依然成立，继续执行循环体"b+=a;a+=2;"，b 变为 14，a 变为 9，再执行表达式 3 "a++"，a 变为 10，此时 a<8 不成立，循环结束，所以最后 a 的值为 10，b 的值为 14。

【示例 5-4】若有定义"int k;"，以下程序段的输出结果是（　　）。（二级考试真题 2008.4）

```
    for(k=2;k<6;k++,k++)  printf("##%d",k);
```

正确答案：##2##4

程序分析：先执行表达式 1"k=2"，然后判断"k<6"为真，执行循环体"printf("##%d",k);"，输出"##2"，然后执行表达式 3 "k++,k++"，k 值变为 4，再判断"k<6"依然为真，继续执行循环体，此时屏幕输出变为"##2##4"，然后执行表达式 3 "k++,k++"，k 值变为 6，再判断"k<6"为假，循环结束，所以最终的输出结果为"##2##4"。

## 5.4　break 和 continue 语句

### （一）break 语句

#### 1．break 语句的一般格式

```
    break;
```

#### 2．break 语句的功能

break 语句在 C 语言中的功能主要有两个：一是用在 switch 语句中，用于中止 switch 语句的执行；二是用在循环体中，强制中止循环的执行，跳出循环。

#### 3．真题解析

【示例 5-5】有以下程序：

```
#include <stdio.h>
int main()
{
 int i=5;
 do
 {
  if(i%3==1)
   if(i%5==2)
   {
    printf("*%d",i);
```

```
        break;
      }
      i++;
  } while(i!=0);
  printf("\n");
  return 0;
}
```
程序的运行结果是（　　）。（二级考试真题 2008.9）

    A．*7        B．*3*5        C．*5        D．*2*6

正确答案：A

程序解析：i 初值为 5，进入 do-while 循环，先判断第一个 if 条件"i%3==1"不成立，所以后面的 if 以及大括号里的语句都不执行，直接执行"i++"，i 变为 6，然后判断 while 条件"i!=0"成立，第二次进入 do-while 循环，先判断第一个 if 条件"i%3==1"不成立，所以后面的 if 以及大括号里的语句都不执行，直接执行"i++"，i 变为 7，然后判断 while 条件"i!=0"成立，第三次进入 do-while 循环，先判断第一个 if 条件"i%3==1"成立，再判断第二个 if 条件"i%5==2"也成立，执行大括号里的语句"printf("*%d", i);"，输出*7，然后执行 break 语句，跳出 do-while 循环，循环结束。输出换行符后程序执行结束，所以运行结果是"*7"。

### （二）continue 语句

#### 1．continue 语句的一般格式

      continue;

#### 2．continue 语句的功能

continue 语句的功能是结束本次循环，即跳过循环体中下面尚未执行的语句，转而执行下一次循环，而不是终止整个循环（注意与 break 区分）。

#### 3．真题解析

【示例 5-6】有以下程序：

```
#include <stdio.h>
int main()
{
    int x=8;
    for(  ;x>0; x--)
    {
        if(x%3)      //等价于 if(x%3!=0)
        {
            printf("%d,",x--);
            continue;
        }
        printf("%d,",--x);
    }
    return 0;
```

}

程序的运行结果是（　　）。（二级考试真题　2008.4）

    A．7,4,2　　　　B．8,7,5,2　　　　C．9,7,6,4　　　　D．8,5,4,2

正确答案：D

程序分析：x 初值为 8，执行 for 循环，此处表达式 1 省略，判断表达式 2 "x>0" 为真，进入循环体，先执行 if 语句，if 条件 "x%3" 值为 2，非 0 即为真，所以执行输出函数，输出 x 的值 8，并且 x 自减，x 值变为 7；继续执行 continue 语句，跳过循环体中下面的 printf 函数，执行 for 循环的表达式 3 "x--"，x 值变为 6，判断表达式 2 "x>0" 依然为真，再次进入循环体执行 if 语句，此时的 if 条件 "x%3" 的值为 0，即为假，if 后面大括号里的语句不执行，直接执行后面的 "printf("%d,",--x);"，x 先自减再输出，输出 5。第二次循环结束，执行表达式 3 "x--"，x 值变为 4，判断表达式 2 "x>0" 为真，进入循环体，先执行 if 语句，if 条件 "x%3" 的值为 1，非 0 即为真，所以执行输出函数，输出 x 的值 4，并且 x 自减，x 值变为 3；第三次循环结束，执行表达式 3 "x--"，x 值变为 2，判断表达式 2 "x>0" 为真，进入循环体，先执行 if 语句，if 条件 "x%3" 的值为 2，非 0 即为真，所以执行输出函数，输出 x 的值 2，并且 x 自减，x 值变为 1；第四次循环结束，执行表达式 3 "x--"，x 值变为 0，判断表达式 2 "x>0" 为假，循环结束。所以最终输出的值是 8,5,4,2。

### （三）break 与 continue 的差别

break：是打破的意思（破了整个循环），所以看见 break 就退出这一层循环。

continue：是继续的意思，是要结束本次循环，就是循环体内剩下的语句不再执行，跳到循环开始，然后判断循环条件，进行新一轮的循环。

## 5.5　三种循环小结

### （一）注意事项

（1）while()、do-while()、for() 三种结构的格式及执行流程要熟记。

（2）for 循环当中必须是两个分号，千万不要忘记。

（3）写程序的时候一定要注意，循环一定要有结束的条件，否则成了死循环。

（4）do-while() 循环的最后一个 "while();" 的分号一定不能够丢（当心改错题）。

（5）do-while 循环是至少执行一次循环。

### （二）三种循环的异同点

这三种循环都可以用来处理同一个问题，一般可以互相代替，只是有时会涉及使用哪一种更方便的问题。通常如果事先不确定需要重复运行多少次，那么使用 while 和 do-while 循环较为方便；反之，用 for 循环更为灵活，功能也更强大。

循环体的执行：while 语句和 for 语句都是先判断表达式后执行循环体的结构，循环体可能一次也不执行；而 do-while 语句则是先执行后判断的结构，循环体至少被执行一次。

用 while 和 do-while 循环时，循环变量初始化的操作应在 while 和 do-while 语句之前完成，而 for 语句可以在表达式 1 中实现循环变量的初始化。

while 和 do-while 循环结构，循环结束条件都放在 while 后面，循环体中应包括使循环趋于结束的语句；在 for 循环结构中，用表达式 2 来判断循环是否结束，而使循环结束的操作语句主要放在表达式 3 的位置上。

在这三种循环结构中都可以用 break 语句终止循环，用 continue 语句结束本次循环。

## 5.6 循环的嵌套

### （一）什么是循环的嵌套

#### 1．循环嵌套的定义

循环体中又包含有循环语句，这种结构称为循环嵌套，即多重循环。while、do-while 和 for 这三种循环语句既可以自身嵌套，也可以互相嵌套。嵌套可能是两层，也可能是多层。相对来讲，在循环体中嵌套的称为内层循环，外部的称为外层循环。

循环的嵌套情况比较复杂，要一层一层一步一步耐心地计算，一般只考查两层嵌套，循环嵌套通常用来处理二维数组。

#### 2．示例

【示例 5-9】以下程序中的变量已正确定义：

```
for(i=0;i<4;i++,i++ )
for(k=1;k<3;k++);
printf("*");
```

程序段的输出结果是（　　）。（二级考试真题 2009.3）

  A. ********   B. ****   C. **   D. *

正确答案：D

程序分析：注意第二个 for 语句后面有分号 "；"，所以循环体为空语句，因此程序只执行后面的 "printf("*");"，只输出一个 "*"。

### （二）拔高程序

【示例 5-10】有 1、2、3、4 四个数字，能组成多少个互不相同且无重复数字的三位数？都是多少？

解析：用三重循环嵌套实现。根据题意，最外层循环变量设为 i，表示百位数，取值从 1 到 4；中间层循环变量设为 j，表示十位数，取值从 1 到 4；最内层循环变量为 k，表示个位数，取值也是从 1 到 4，这样用三重循环组成三位数输出，并通过 "if(i!=k&&i!=j&&j!=k)" 条件判断语句，确保满足 i、j、k 三位互不相同的要求。

参考程序：

```
#include <stdio.h>
int main()
{
    int i,j,k;
    printf("\n");
    for(i=1;i<5;i++)          //以下为三重循环
        for(j=1;j<5;j++)
            for (k=1;k<5;k++)
            {
                if (i!=k&&i!=j&&j!=k)          //确保 i、j、k 三位互不相同
                    printf("%d,%d,%d\n",i,j,k);
            }
```

```
    return 0;
}
```

【示例 5-11】译密码问题：为使电文保密，往往按一定规律将其转换成密码，收报人再按约定的规律将其译回原文。如果是字母，在 A（或 a）至 V（或 v）之间，则将其改变为其后第 4 个字母；在 W（或 w）至 Z（或 z）之间，则改变为 A（或 a）至 D（或 d）。非字母字符则保持原状不变。现输入一行字符，要求输出其相应的密码。

解析：问题的关键有两个。

（1）决定哪些字符不需要改变，哪些字符需要改变，如果需要改变，应改为哪个字符？

处理的方法是：输入一个字符给字符变量 c，先判定它是否是字母（包括大小写），若不是字母，不改变 c 的值；若是字母，则还要检查它是否在'W'到'Z'的范围内（包括大小写字母）。如不在此范围内，则使变量 c 的值改变为其后第 4 个字母。如果在'W'到'Z'的范围内，则应将它转换为 A ~ D（或 a ~ d）之一的字母。

（2）怎样使 c 改变为所指定的字母？

办法是：改变它的 ASCII 值。例如，字符变量 c 的原值是大写字母'A'，想使 c 的值改变为'E'，只需执行 "c=c+4" 即可，因为'A'的 ASCII 值为 65，而'E'的 ASCII 值为 69，二者相差 4。

参考程序：

```c
#include <stdio.h>
int main()
{
    char c;
    c=getchar();
    while(c!='\n')
    {
      if((c>='a'&&c<='z')||(c>='A'&&c<='Z'))
        {
            if(c>='W'&&c<='Z'||c>='w'&&c<='z')
                  c=c-22;
            else    c=c+4;
        }
      printf("%c",c);
      c=getchar();
    }
    return 0;
}
```

可改进程序：

```c
#include <stdio.h>
int main()
{
    char c;
```

```
    while((c=getchar())!='\n')
    {
     if((c>='A'&&c<='Z')||(c>='a'&&c<='z'))
        {
            c=c+4;
            if(c>='Z'&&c<='Z'+4||c>'z')
                c=c-26;
        }
    printf("%c",c);
    return 0;
    }
}
```

# 【重点难点分析】

本章主要介绍了循环结构，重点需要掌握三种循环结构：while 循环，do-while 循环和 for 循环；break 和 continue 语句的使用，以及用循环的嵌套来解决问题。难点是循环的嵌套，需要掌握循环嵌套的执行流程，以及在多重循环中出现 break 和 continue 时如何进行处理。

# 【部分课后习题解析】

1. break、continue
2. do-while()、switch()
3. B
4. D
5. B

【提示】"%"为求余运算符，除法运算符 "/" 参与运算的量为整型时，结果为整型，舍弃小数部分，所以本题是通过循环实现键盘输入的数据倒序输出。

6. □□1□-2（□表示空格）

【提示】第一次执行"printf("%3d",a-=2);"时，a-=2 即 a=a-2=3-2=1，此时--a 的值为 0，所以 while(!(--a))。即 while(!0)，条件表达式为"真"，再次执行循环体语句 "printf("%3d",a-=2)"，此时 a=a-2=0-2=-2，--a 的值为-3，while(!(--a))即 while(!(-3))，条件表达式为非"真"（C 语言中逻辑量非 0 为"真"），即"假"，循环结束。

7. 15

【提示】本题是利用循环求 1 到 5 的累加和。

8. 5，4，6

【提示】本题执行 "for(;a>b;++b) i++;" 时，第一次判断 a>b 时为判断 10>5，以后 b 值每循环一次加 1，所以 i++共执行了 5 次，故 i 的值为 5；执行 "while(a>++c) j++;" 时，第一次判断 a>++c 时为判断 10>6，以后 c 值每循环一次加 1，所以 j++共执行了 4 次，故 j 的值为 4；执行 "do k++; while(a>d++);" 时，先执行 k++，再判断条件，所以 k++共执行了 6 次，故 k 的值为 6。

9. -1

【提示】本题中"while(m--);"表示循环体为空语句，m--表示先由 m 的值得到条件表达式的值，再减1，改变 m 变量的值。

10.  52

【提示】本题循环体语句执行了 8 次，结果分别为 b=10,a=9；b=19,a=8；b=27,a=7；b=34,a=6；b=40,a=5；b=45,a=4；b=49,a=3；b=52,a=2，最后输出 b 值为 52。

11.【提示】设变量 s 表示阶乘和，g 表示 n!，n 取值从 1、2、3、…、10，初值 s=0，g=1，n=1，重复计算 g=g*n，s=s+g，n=n+1，直到 n 超过 10。

参考程序一：

```c
#include <stdio.h>
int main()
{
    int n;
    double g,s;
    for(n=1,s=0,g=1;n<=10;n++)
    {
        g=g*n;
        s=s+g;
    }
    printf("1!+2!+...+10!=%10.0f\n",s);
    return 0;
}
```

参考程序二：

```c
#include <stdio.h>
int main()
{
    int n,i;
    double g,s;
    for(n=1,s=0;n<=10;n++)
    {
        for(i=1,g=1;i<=n;i++)
            g=g*i;
        s=s+g;
    }
    printf("1!+2!+…+10!=%10.0f\n",s);
    return 0;
}
```

12.【提示】这是个求累加和的问题。方法一：可设变量 s 存放累加和，初值 s=0；n 存放递增的数值，本题取值为 1、3、5、…，每次递增 2，即 n=n+2；变量 p 表示符号，初值 p=1，表示正号，以后正号和负号交替出现，即 p=-p。方法二：设三个累加和变量 s1、s2 和 s，s1=1+5+…+101，s2=3+7+…+99，s=s1-s2。

参考程序一：

```
#include <stdio.h>
int main()
{
    int n=1,p=1,s=0;
    while(n<=101)
    {
        s=s+p*n;
        p=-p;
        n=n+2;
    }
    printf("1-3+5-7+…-99+101=%d\n",s);
    return 0;
}
```

参考程序二：

```
#include <stdio.h>
int main()
{
    int n=1,s1=0,s2=0;
    while(n<=101)
    {
        s1=s1+n;
        n=n+4;
    }
    n=3;
    while(n<=99)
    {
        s2=s2+n;
        n=n+4;
    }
    printf("1-3+5-7+...-99+101=%d\n",s1-s2);
    return 0;
}
```

13.【提示】用辗转相除法求最大公约数，算法描述：x 对 y 求余为 r，若 r 不等于 0，则 x=y，y=r，继续求余，否则 y 为最大公约数；最小公倍数=两个数的积/最大公约数。

参考程序一：

```
#include <stdio.h>
int main()
{
    int x,y,t,r;
    printf("input x,y:");
```

```
        scanf("%d%d",&x,&y);
        if(x<y)
           {t=x;x=y;y=t;}
        t=x*y;
        r=x%y;
        while(r!=0)
        {
               x=y;
               y=r;
               r=x%y;
        }
        printf("最大公约数:%d,最小公倍数:%d\n",y,t/y);
        return 0;
}
```

参考程序二：

```
#include <stdio.h>
int main()
{
     int x,y,t;
     printf("input x,y:");
     scanf("%d%d",&x,&y);
     t=(x<y?x:y);
     while(!(x%t==0&&y%t==0))
          t--;
     printf("最大公约数:%d,最小公倍数:%d\n",t,x*y/t);
     return 0;
}
```

14. 【提示】本题是循环嵌套的应用问题。可设一个外循环控制输出的行数，而每一行的字符是由空格和"#"号组成，可在内循环中再设两个循环，分别控制空格数和"#"号数的输出。

参考程序：

```
#include <stdio.h>
int main()
{
     int i,j;
     for(i=1;i<=5;i++)
     {
          for(j=1;j<=5-i;j++)
             printf(" ");
          for(j=1;j<=5;j++)
             printf("#");
```

```
        printf("\n");
    }
    return 0;
}
```

15.【提示】本题通过循环嵌套实现。外循环控制行数，每行由内循环控制输出本行的乘法口诀中相应的乘积。

参考程序：

```
#include<stdio.h>
int main()
{
    int i,j;
    for(i=1;i<=9;i++)
            printf("%3d",i);
    printf("\n");
    printf("--------------------------\n");
    for(i=1;i<=9;i++)
    {
        for(j=1;j<=i;j++)
            printf("%3d",i*j);
        printf("\n");
    }
    return 0;
}
```

16.【提示】设变量 max 存放较大的数，初值为 0，用循环语句输入变量 x 的值，与 max 比较，较大的值作为新的 max 值，直到输入-1 为止。

```
#include <stdio.h>
int main()
{
    int x,max=0;
    do
    {
        scanf("%d",&x);
        if(x>max)
            max=x;
    }while(x!=-1);
    if(max==0)
        printf("输入无效");
    else
        printf("max=%d\n",max);
    return 0;
```

```
}
```

17.【提示】可用两层循环实现，外循环 i 控制学生人数，内循环 j 控制课程分数。

参考程序：

```
#include <stdio.h>
int main()
{
    int i,j;
    double x,s;
    for(i=1;i<=6;i++)
    {
        for(s=0,j=1;j<=5;j++)
        {
            printf("请输入第%d 个同学第%d 个分数:",i,j);
                scanf("%lf",&x);
            s=s+x;
        }
        printf("第%d 个同学平均分数是:%.2f\n",i,s/5);
    }
    return 0;
}
```

18.【提示】求 π 近似值的方法很多，本题是一种。本算式的特点：每项的分子都是 1；后一项的分母是前一项的分母加 2；第 1 项的符号为正，从第 2 项起，每一项的符号与前一项的符号相反。设 pi 存放累加和，n 存放递增的分母数值，sign 存放符号，term 存放变化的分数，当 term 的绝对值小于 $10^{-4}$ 时结束。

参考程序一：

```
#include <stdio.h>
#include <math.h>
int main()
{
    int sign=1;
    double pi=0,n=1,term=1;
    while(fabs(term)>=1e-4)
    {
        pi=pi+term;
        n=n+2;
        sign=-sign;
        term=sign/n;
    }
    pi=pi*4;
    printf("pi=%10.8f\n",pi);
    return 0;
```

```
}
参考程序二:
#include <stdio.h>
#include <math.h>
int main()
{
    int sign=1,n=1;
    double s=0,term=1;
    while(fabs(term)>=0.0004)
    {
        s=s+term;
        n=n+2;
        sign=-sign;
        term=p*1.0/n;
    }
    printf("pi=%10.8f\n",s*4);
    return 0;
}
```

# 【练习题】

## 一、填空题

1. 常用的循环语句有_____、do-while 语句和_____。

2. 循环语句 "for(x=0,y=0;(y!=123)&&(x<4);x++)" 执行的循环次数是_____次，执行后 x=_____。

3. while 循环的特点是先_____，再_____。

4. for 语句可以代替_____语句，它的一般形式是_____。

## 二、选择题

1. 以下程序段运行后，循环体运行的次数为（　　）。

```
int i=10,x;
for(;i<10;i++)    x=x+i;
```

  A. 10　　　　　　B. 0　　　　　　C. 1　　　　　　D. 无限

2. 以下程序段运行后变量 n 的值为（　　）。

```
int i=1,n=1;
for(;i<3;i++)
{continue;n=n+i;}
```

  A. 4　　　　　　　B. 3　　　　　　C. 2　　　　　　D. 1

3. 以下程序的运行结果是（　　）。

```
int main()
{
    int sum=0,item=0;
    while(item<5)
```

```
    {
        item++;
        sum+=item;
        if(sum>=6)
        break;
    }
    printf("%d\n",sum);
    return 0;
}
```

　　A. 10　　　　　　B. 15　　　　C. 6　　　　　D. 7

4. 以下程序的运行结果是（　　）。

```
int main()
{
    int sum=0, item=0;
    while(item<5)
    {
        item++;
        if(item==2)
        continue;
        sum+=item;
    }
    printf("%d\n",sum);
    return 0;
}
```

　　A. 10　　　　　　B. 13　　　　C. 15　　　　D. 1

5. 与语句 while(!x)等价的语句是（　　）。

　　A. while(x==0)　　　　　　B. while(x!=0)

　　C. while(x!=1)　　　　　　D. while(~x)

6. 设有程序段：

int k=10;

while(k=0) k=k-1;

则下面描述中正确的是（　　）。

　　A. while 循环执行 10 次　　　B. 循环是无限循环

　　C. 循环体语句一次也不执行　　D. 循环体语句执行一次

7. 若 int i,x;，则 "for(i=x=0;i<9&&x!=5;i++,x++)" 控制的循环体 x 将执行（　　）次。

　　A. 10　　　　　　B. 9　　　　C. 5　　　　　D. 6

8. 以下循环体的执行次数是（　　）。

```
int main()
{ int i,j;
 for(i=0,j=1; i<=j+1; i+=2, j--)   printf("%d\n",i);
```

```
return 0;}
```

    A. 3　　　　　　　　B. 2　　　　　　C. 1　　　　　　D. 0

9. C 语言中 while 和 do- while 循环的主要区别是（　　）。

    A. do-while 的循环至少无条件执行一次

    B. while 循环控制条件比 do-while 的循环控制条件严格

    C. do-while 允许从外部转入到循环体内

    D. do-while 的循环体不能是复合语句

## 三、判断题

1. 【　　】for(;;)语句相当于 while(0)。

2. 【　　】在 do-while 循环中，任何情况下都不能省略 while。

3. 【　　】对于 for(表达式 1;表达式 2;表达式 3)语句来说，continue 语句意味着转去执行表达式 2。

4. 【　　】若有说明 int c;，则 "while(c=getchar());" 是正确的 C 语句。

5. 【　　】for(表达式 1;;表达式 3)可理解为 for(表达式 1;1;表达式 3)。

6. 【　　】do-while 语句的循环体至少执行 1 次，while 和 for 循环的循环体可能一次也执行不到。

7. 【　　】只能在循环体内或者 switch 语句中使用 break。

8. 【　　】只有整型变量才可以进行自加、自减运算。

9. 【　　】while 语句和 do-while 语句任何时候都可以互换，程序运行结果相同。

10. 【　　】for 语句中，三个表达式都可以省略。

## 四、改错题（每题错误 5 处，要求列出错误所在的程序行号并修改）

1. 求 1×2×3×4×…×n。

  （1）　　#include <stdio.h>;

  （2）　　int main()

  （3）　　{

  （4）　　long int sum;

  （5）　　　int n,i=1;

  （6）　　　scanf("%d",n);

  （7）　　　printf("\n");

  （8）　　　while(i<n)

  （9）　　　　{ sum=sum*i;

  （10）　　　　i++;

  （11）　　　　}

  （12）　　　printf("sum=%f",sum);

  （13）　　　return 0;

  （14）　　}

2. 求 100~300 间能被 3 整除的数的和。

  （1）　　include <stdio.h>

  （2）　　main

  （3）　　{ int n;

  （4）　　long sum;

  （5）　　for(n=100,n<=300,n++)

（6）　　　{
（7）　　　　if(n%3=0)
（8）　　　　　sum=sum*n;
（9）　　　}
（10）　　printf("%ld",sum);
（11）　　return 0;
（12）　　}

3.　求 1+2+…+100 的程序如下：

（1）　　#include <sdtio.h>;
（2）　　int main()
（3）　　{　int i,sum=1;
（4）　　　for(i=1;i<=100;i++);
（5）　　　　sum=sum+i;
（6）　　　printf(sum=%d\n,sum);
（7）　　　return ;
（8）　　}

**五、读程序写结果（或者选择正确答案）**

1.　下面程序的运行结果是_____。

```
#include<stdio.h>
int main()
{
   int i=5;
   do
   {
     switch(i%2)
     {
       case 4:i--;break;
       case 6:i--;continue;
     }
     i--;i--;
     printf("%d,",i);
   }while(i>0);
   return 0;
}
```

2.　下面程序的输出结果是（　　）。

```
#include<stdio.h>
int main()
{
 int i=0,j=0,k=0,m;
 for(m=0;m<4;m++)
```

```
    switch(m)
    {
      case 0:i=m++;
      case 1:j=m++;
      case 2:k=m++;
      case 3:m++;
      }
    printf("\n%d,%d,%d,%d",i,j,k,m);
    return 0;
}
```

    A. 0,0,2,4          B. 0,1,2,3          C. 0,1,2,4          D. 0,1,2,5

3. 以下程序的输出结果为（    ）。

```
#include<stdio.h>
int main()
{
    int n;
    for(n=1;n<=10;n++)
    {
        if(n%3==0)
            continue;
        printf("%d",n);
    }
    return 0;
}
```

    A. 12457810      B. 369          C. 12          D. 1234567890

4. 下面程序的运行结果是（    ）。

```
#include <stdio.h>
int main()
{
    int i,n=0;
    for( i=2;i<5;i++)
    {
        do{
            if(i%3)
                continue;
            n++;
        }while(!i);
        n++;
    }
    printf("%d\n",n);
```

```
        return 0;
    }
```

　　A.5　　　　　　　　B.4　　　　　　C.3　　　　　　　D.2

5. 下面程序的运行结果是（　　）。

```
#include<stdio.h>
int main()
{
    int i=100,s=0;
    while(i)
        s+=i--;
    printf("sum=%d\n",s);
    return 0;
}
```

　　A．5050　　　　　B．5500　　　　C．4500　　　　D．0505

6. 下面程序的运行结果是_____。

```
#include<stdio.h>
int main()
{
 int i,j,k=19;
 while(i=k-1)
 {
     k-=3;
     if(k%5==0)
     {
        i++;
        continue;
     }
     else if(k<5)
            break;
     i++;
 }
 printf("i=%d,k=%d\n",i,k);
 return 0;
}
```

7. 下面程序的运行结果是_____。

```
#include<stdio.h>
int main()
{
    int a=10,y=0;
    do
```

```
    {
     a+=2;
     y+=a;
     if(y>50)
        break;
    }while(a=14);
    printf("a=%d y=%d\n",a,y);
    return 0;
    }
```

# 第6章 数 组

## 【知识框架图】

知识框架图如图 2-6-1 所示。

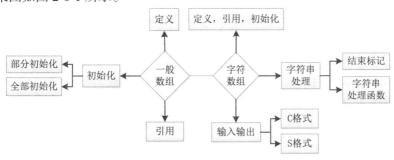

图 2-6-1 知识框架图

## 【知识点介绍】

### 6.1 数组的定义和引用

#### （一）数组的引入

在使用计算机进行数据处理时，常会遇到批量数据的操作，像打印学生的成绩、输入学生的姓名和查找学生的宿舍信息等。对于这种数据量大的操作，使用传统的方式定义多个变量的方法已不再适用，数组解决了这个问题。通过数组，可以实现一次性定义类型相同的多个变量，并且这些变量有相同的数组名，通过不同的下标区分彼此，再和循环结构完美结合，解决了批量数据的存取和操作问题。

数组中的成员称为数组元素。根据数组中数组元素的类型，可以将数组分为整型数组、实型数组、字符数组、结构体数组和指针数组等。根据数组的下标个数，可以将数组分为一维数组、二维数组和多维数组。

#### （二）数组的定义

**1．数组定义方法**

根据课本对数组定义的描述，数组定义时要向编译器标识三个要素：数组元素的类型、数组名和数组长度。一维数组和二维数组的定义方法见表 2-6-1。

【注意】

（1）数组名代表数组首地址，是地址常量，不可以对数组名赋值。例如，"int a[5];a=1000;"是错误的代码。

（2）在 C 语言中，下标外面的方括号（[]）实际上是一个运算符，与圆括号（()）具有相同的优先级，处于优先级列表的第一级。

　　（3）定义数组时[]内的下标必须是整型常量或整型常量表达式。例如，"int a[3.0]，b[2.3+1]；"是错误代码。

表 2-6-1　数组的定义

| 数组维数 | 定义形式 | 举例 | 含义 |
|---|---|---|---|
| 一维数组 | 类型 数组名[常量] | int a[5]; | 定义一个有 5 个 int 元素的数组 |
| 二维数组 | 类型 数组名[常量 1][常量 2] | float[2][3]; | 常量 1 表示数组的行数，常量 2 表示数组的列数，此代码定义一个 2 行 3 列有 6 个 float 元素的数组 |

### 2．真题解析

【示例 6-1】下列选项中，能正确定义数组的语句是（　　）。（二级考试真题 2015.3）

　　A．int num[0..2008];　　　　　　　　　B．int num[];

　　C．int N=2008;　　　　　　　　　　　　D．#define N 2008

　　　　int num[N];　　　　　　　　　　　　　　int num[N];

正确答案：D

程序分析：C 语言明确规定，定义数组时[ ]内的下标必须是整型常量或整型常量表达式。A 选项的格式不正确，B 选项[]内的值不能省略，C 选项中 N 是变量，D 选项 N 是符号常量，故正确。

### （三）数组的引用

#### 1．数组元素的表示及存储

　　根据课本中数组元素的引用的描述，数组元素的引用是通过数组名和下标的组合形式来表示的。例如一维数组 "int a[5];" 代表定义了 5 个整型变量，即一维数组 a 中包含 5 个数组元素，分别通过 a[0]、a[1]、a[2]、a[3]、a[4]这些标识符来引用这些数组元素，第一个数组元素的下标为 0，最后一个数组元素的下标为 4（长度–1）。如图 2-6-2 所示。

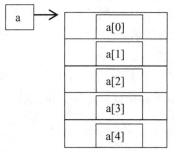

图 2-6-2　一维数组的数组元素引用

　　同样，对于二维数组 "int a[2][3];" 代表定义了 2 行 3 列共 6 个整型变量，即二维数组 a 中包含 2 行 3 列共 6 个数组元素，分别通过 a[0][0]、a[0][1]、a[0][2]、a[1][0]、a[1][1]、a[1][2]这些标识符来引用这些数组元素。此二维数组共 2 行 3 列，因此，行下标的范围为 0~1，列下标的范围为 0~2。所以最后一个数组元素的正确引用为 a[1][2]而非 a[2][3]。如图 2-6-3 所示。

|  | 第 0 列 | 第 1 列 | 第 2 列 |
|---|---|---|---|
| 第 0 行 | a[0][0] | a[0][1] | a[0][2] |
| 第 1 行 | a[1][0] | a[1][1] | a[1][2] |

图 2-6-3　二维数组的数组元素引用

　　定义数组后，内存中会根据数组元素的个数和类型分配多个内存空间，例如一维数组 int a[5]，计算机会分配 5 个连续的 int 长度的存储单元，分别分配给它的 5 个数组元素，如图 2-6-2 所示。

　　对于二维数组，在概念上是二维的，即其下标在行和列两个方向上变化，如图 2-6-3 所示。但实际计算机的存储单元是按一维线性排列编址的，如图 2-6-4 所示。在一维存储器中存放二维数组，可有两种方式：一种是按行排列，即放完一行之后顺次放入第二行。另一种是按列排列，即放完一列之后再顺次放入第二列。在 C 语言中，二维数组是按行排列的。例如，int a[2][3];，根据定义得知定义了 2 行 3 列共 6 个数组元素，在内存中先存储第 1 行的 3 个元素，分别是 a[0][0]、a[0][1] 和 a[0][2]，再存储第 2 行的 3 个元素 a[1][0]、a[1][1] 和 a[1][2]。

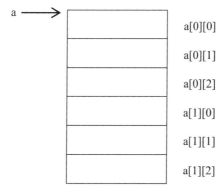

图 2-6-4　二维数组在内存的存储方式

### 2．注意事项

　　（1）数组元素的实质是变量，因此，任何使用变量的地方都可以使用数组元素，以下代码都是合法的。

```
int a[3],b[2][3],i;
scanf("%d,%d",&a[0],&a[1]);     //输入数据存放到数组元素 a[0]和 a[1]中
a[2]=a[0]+a[2-1];                 //将 a[0]和 a[1]的值相加赋值到 a[2]（a[2-1]即为 a[1]）
b[1][2]=a[1]*100;                //给 b[1][2]赋值
printf("%d,%d",a[2],b[1][2]);    //输出 a[2]和 b[1][2]的值
i=2;
printf("%d,%d",a[i],i);          //输出 a[2]的值和其下标的值
```

　　（2）引用数组元素注意下标不要越界。

```
int a[3],b[2][3];
scanf("%d,%d,%d",&a[3],&a[3+1],&b[2][3]);    //a 数组不存在数组元素 a[3]和 a[4]，b 数
                                             //组不存在数组元素 b[2][3]，访问越界
```

（3）引用数组元素可以用变量表示下标，但注意下标一定是有效值（符合数组定义的下标有效范围）。

```
int a[5],i;
printf("input 5 numbers\n");
scanf("%d",&a[i]);          //i 的值是多少？是数组元素的有效范围么
```

（4）保存数组所需要的内存量直接与基类型和数组大小有关。对一维数组而言，以字节为单位的总内存量可以这样来确定：

$$总字节数 = sizeof(基类型) \times 数组长度$$

其中 sizeof 是长度运算符，处于优先级列表的第二级，其作用是返回当前编译环境下某类型或者表达式所分配的内存字节数。例如，int a[100];，此一维数组在内存中实际占 $sizeof(int) \times 100 = 4 \times 100 = 400$ 个字节数。

（5）数组引用和数组定义在形式上有些相似，但这两者具有完全不同的含义。数组定义方括号中的常量是某一维的长度，即数组元素的个数；而数组引用中的下标是该元素在数组中的位置标识。前者只能是常量或常量表达式，后者可以是常量、变量或表达式。

（6）对于数组引用，可以结合循环完成批量数据的输入、输出、赋值和计算等操作。

对于一维数组，可以使用一层 for 循环来对每个数组元素进行操作。例如，以下代码实现 10 个数组元素的输入。

```
int a[10],i;              //定义包含 10 个整型元素的数组，定义整型变量 i
for(i=0;i<10;i++)         //循环次数从数组最小下标开始，到最大下标为止，不要越界
    scanf("%d",&a[i]);    //a[i]是数组元素的引用，根据 i 的变化可以取到数组中每一个元素
```

对于二维数组，可以使用两层 for 循环嵌套来对每个数组元素进行操作。例如，以下代码实现了二维数组元素的赋值。

```
int a[5][10],i,j;         //定义 5 行 10 列包含 50 个整型元素的数组，定义整型变量 i、j
for(i=0;i<5;i++)          //外循环次数从数组最小行下标开始，到最大行下标结束
    for(j=0;j<5;j++)      //内循环次数从数组最小列下标开始，到最大列下标结束
        a[i][j]=i+j;      //每个数组元素赋值为变量 i 和变量 j 的和
```

### 3．实例分析

【例 6.1】求 $2 + 4 + \cdots + 100$。

题目分析：题目要求 100 以内的偶数和。100 内的偶数从 2 开始到 100 结束共 50 个，可以定义一个包含 50 个数组元素的整型数组，然后通过循环对每个数组元素进行赋值与求和操作。

参考程序及解释：

```
#include <stdio.h>
int main()
{
    int i,a[51],sum=0;       //定义包含 51 个元素的数组 a，有效下标为 0~50
    for(i=1;i<=50;i++)       //循环变量 i 从 1~50，分别引用数组元素 a[1]~a[50]
        a[i]=i*2;            //每个数组元素赋值为下标*2
    for(i=1;i<=50;i++)       //循环变量 i 从 1~50，分别引用数组元素 a[1]~a[50]
        sum=sum+a[i];        //利用累加法对 a[1]~a[50]这些数组元素求和
```

```
        printf("sum=%d\n",sum);//输出求和结果 sum 的值
        return 0;
    }
```

【题目扩展】如何修改程序来求 1+3+5+…+99 的值?

【提示】将例 6.1 中对数组元素赋值的语句由原来的 i*2 改为 i*2−1 即可。

【例 6.2】求一个 3×3 方阵主对角线元素之和。

题目分析:3 行 3 列的方阵用二维数组 a[3][3]表示,对角线上的元素的特征为行下标和列下标相同,即 a[0][0]、a[1][1]和 a[2][2](如图 2-6-5 所示),对角线元素和 sum = a[0][0]+a[1][1]+a[2][2],即 sum=sum+a[i][i]( i=0、1、2 )。

|  | 第 0 列 | 第 1 列 | 第 2 列 |
|---|---|---|---|
| 第 0 行 | a[0][0] | a[0][1] | a[0][2] |
| 第 1 行 | a[1][0] | a[1][1] | a[1][2] |
| 第 2 行 | a[2][0] | a[2][1] | a[2][2] |

图 2-6-5  用二维数组表示 3 行 3 列的矩阵

参考程序:

```c
#include <stdio.h>
int main()
{
    int a[3][3];               //定义 3 行 3 列的二维整型数组
    int i,sum=0;               //sum 初始化为 0, 为求和做准备
    printf("Please input data:\n");
    for(i=0;i<3;i++)           //循环变量 i=0 代表第 0 行, 以此类推
        scanf("%d%d%d",&a[i][0],&a[i][1],&a[i][2]);   //输入第 i 行的 3 个元素值
    for(i=0;i<3;i++)
        printf("%d%d%d\n",a[i][0],a[i][1],a[i][2]);        //输出第 i 行的 3 个元素值
    for(i=0;i<3;i++)
        sum=sum+a[i][i];   //求对角线上元素的和
    printf("sum=%d\n",sum);
    return 0;
}
```

【题目扩展】

(1)如何将题目改成求 10 行 10 列主对角线元素的和?

【提示】在程序开头加入宏定义#define N 10,将程序中控制循环次数的 3 改为 N 即可。修改 N 的值可以适应任意行任意列的情况。

(2)如何用二维数组来解决此问题? 参考程序如下:

```c
#include <stdio.h>
#define N 10
```

```
int main()
{
    int a[N][N];                    //定义 N 行 N 列的二维整型数组
    int i,j,sum=0;                  //sum 初始化为 0，为求和做准备
    printf("Please input data:\n");
    for(i=0;i<N;i++)                //循环变量 i=0 代表第 0 行，以此类推
        for(j=0;j<N;j++)            //循环变量 j=0 代表第 0 列，以此类推
            scanf("%d",&a[i][j]);   //输入第 i 行第 j 列的元素值
    for(i=0;i<N;i++)
    {
        for(j=0;j<N;j++)
            printf("%d",a[i][j]);   //输出第 i 行第 j 列的元素值
        printf("\n");               //输出一行后换行
    }
    for(i=0;i<N;i++)
        sum=sum+a[i][i];            //求对角线上元素的和
    printf("sum=%d\n",sum);
    return 0;
}
```

运行结果如图 2-6-6 所示。

图 2-6-6　例 6.2 运行结果

### 4．真题解析

【示例 6-2】有以下程序段：

```
#include<stdio.h>
void main()
{
    int a[5]={1,2,3,4,5},b[5]={0,2,1,3,0},i,s=0;
    for(i=0;i<5;i++)    s=s+a[b[i]];
    printf("%d\n",s);
}
```

程序运行后的输出结果是（　　）。（二级考试真题 2015.3）

　A．6　　　　　B．10　　　　　C．11　　　　　D．15

正确答案：C

程序分析：题目的难度主要是理解 a[b[i]]的含义，即 b[i]的值作为数组 a 的下标。当 i=0 时，a[b[0]]即 a[0]；当 i=1 时，a[b[1]]即 a[2]；当 i=2 时，a[b[2]]即 a[1]；当 i=3 时，a[b[3]] 即 a[3]；当 i=4 时，a[b[4]]即 a[0]。即将 a[0]、a[2]、a[1]、a[3]和 a[0]的值相加。

【示例 6-3】有以下程序段：

```
#include<stdio.h>
void main()
{
    int b[3][3]={0,1,2,0,1,2,0,1,2},i,j,t=1;
    for(i=0;i<3;i++)
        for(j=i;j<=i;j++)
            t+=b[i][b[j][i]];
    printf("%d\n",t);
}
```

程序运行后的输出结果是（　　）。（二级考试真题 2015.3）

   A．1　　　　　　B．3　　　　　　C．4　　　　　　D．9

正确答案：C

程序分析：此题目和上一题目类似，题目的难度主要是理解 b[i][b[j][i]]，即 b[j][i]的值作为数组元素的列标。当 i=0 时，j=i=0 满足循环条件 j<=i，执行循环体，b[j][i]=b[0][0]=0，所以 t=t+b[i][b[j][i]]即 t=t+b[0][0]，求得 t=1+0=1；当 i=1 时，j=i=1 满足循环条件 j<=i，执行循环体，b[j][i]=b[1][1]=1，所以 t=t+b[i][b[j][i]]即 t=t+b[1][1]，求得 t=1+1=2；当 i=2 时，j=i=2 满足循环条件 j<=i，执行循环体，b[j][i]=b[2][2]=2，所以 t=t+b[i][b[j][i]]即 t=t+b[2][2]，求得 t=2+2=4。

### （四）数组的初始化

**1．一维数组初始化**

（1）全部初始化。

例如：int a[5]={1,2,3,4,5};

（2）部分初始化。

例如：int a[8]={2,4,6,8};剩余元素自动补 0。

**2．二维数组初始化**

（1）全部初始化。

例如：int a[4][3]={{1,2,3},{4,5,6},{7,8,9},{10,11,12}};

或者：int a[4][3]={1,2,3,4,5,6,7,8,9,10,11,12};

或者：int a[ ][3]={{1,2,3},{4,5,6},{7,8,9},{10,11,12}};

（2）部分初始化。

int a[4][3]={{1,2},{0,5},{4,6,1}};

则数组各元素为：

```
1  2  0
0  5  0
4  6  1
0  0  0
```

### 3．实例分析

【例 6.3】某数列前两项是 0 和 1，从第三项开始，每一项是前两项之和，求该数列前 20 项及其和。

题目分析：该数列前 20 项用数组 f[20]表示，f[0]=0，f[1]=1，f[2]=f[0]+f[1]，f[3]=f[1]+f[2]，得出 f[i]=f[i-2]+f[i-1]（i=2、3、…、19），若用变量 sum 表示其和，则 sum=sum+f[i]（i=0、1、2、…、19）。

参考程序：

```c
#include <stdio.h>
int main()
{
    int i;
    float sum=0,f[20]={0,1};        //定义包含 20 个元素的实型数组，初始
                                    //化 f[0]=0,f[1]=1,f[2]~f[19]的值均为 0
    for(i=2;i<20;i++)               //循环变量从 2 开始到 19 结束
    f[i]=f[i-2]+f[i-1];             //根据每一项是前两项的和，计算 f[2]~f[19]的值
    for(i=0;i<20;i++)               //循环变量从 0 开始到 19 结束
    {
        printf("%10.2f",f[i]);      //输出每个数组元素
        sum=sum+f[i];               //将每个数组元素累加求和
    }
    printf("\nsum=%10.2f\n",sum);   //输入 20 项数组元素的和
    return 0;
}
```

课本中提出，也可以将程序中的两个循环语句合并成一个循环语句，注意循环变量从 2 开始到 19 结束，sum 仅仅计算了后 18 项的和，前两项没有包含进来。因此 sum 应该初始化为 sum=f[0]+f[1]才能符合最终题目要求。

### 4．真题解析

【示例 6-4】以下错误的定义语句是（　　）。（二级考试真题 2016.3）

　　A．int x[][3]={{0},{1},{1,2,3}};
　　B．int x[4][3]={{1,2,3},{1,2,3},{1,2,3},{1,2,3},{1,2,3}};
　　C．int x[4][]={{1,2,3},{1,2,3},{1,2,3},{1,2,3},};
　　D．int x[][3]={1,2,3,4};

正确答案：C

程序分析：给二维数组所有元素赋初值，二维数组第一维的长度可以省略，但第二维绝对不能省略。编译程序可根据数组总个数和第二维的长度计算出第一维的长度。

### （五）数组应用举例

【例 6.4】找出一组整数中的最大数。

分析：用变量 n 表示数据个数，用一维数组 x[n+1]来存储这些数，其中，x[0]不用，从 x[1]开始存储，用 max 表示最大数。求最大值的方法可以用打擂法。先将 x[1]的值放入擂台 max 中，剩下的元素 x[i]（i=2、…、n）依次和 max 比较，如果某个元素 x[i]的值大于擂台

max 的值，说明打擂成功，将 x[i]的值放入擂台 max 中取代原来的值。比较完最后一个数组元素后，max 的值即为一组数中的最大值。

例如，有如下一组数据（如图 2-6-7 所示）。

| x[0] | x[1] | x[2] | x[3] | x[4] | x[5] | x[6] |
|------|------|------|------|------|------|------|
| 未用 | 34 | 2 | –7 | 36 | 4 | 42 |

图 2-6-7　例 6.4 一维数组

初始情况下将 x[1]的值放入 max，即 max=34；循环变量 i=2 时，比较 x[2]是否大于 max，本例 x[2]的值为 2，max 为 34，不符合要求，max 保持原值 34；循环变量 i=3 时，比较 x[3]是否大于 max，本例 x[3]的值为–7，max 为 34，不符合要求，max 保持原值 34；循环变量 i=4 时，比较 x[4]是否大于 max，本例 x[4]的值 36，max 为 34，符合要求，max 改为 x[4]的值，即 36；循环变量 i=5 时，比较 x[5]是否大于 max，本例 x[5]的值为 4，max 为 36，不符合要求，max 保持原值 36；循环变量 i=6 时，比较 x[6]是否大于 max，本例 x[6]的值为 42，max 为 36，符合要求，max 为 x[6]的值，即 42。至此，所有数据比较完毕，程序结束，最后 max 的值即为所有数据中的最大值。

参考程序：

```c
#include <stdio.h>
int main()
{
    int n,i,x[100],max;          //定义包含 100 个元素的数组，max 用来存储最大值
    printf("n=");
    scanf("%d",&n);              //输入数据的个数，应小于 100
    for(i=1;i<=n;i++)            //利用循环变量 i 处理 n 个数组元素
    {
        printf("No.%d:",i);     //提示第 i 个数据
        scanf("%d",&x[i]);      //输入第 i 个数组元素的值
    }
    max=x[1];                   //先将第一个数组元素放入擂台
    for(i=2;i<=n;i++)           //从第二个开始到最后一个元素结束
        if(max<x[i])            //判断 x[i]是否大于擂台的值（打擂成功）
            max=x[i];           //更新擂台的值为 x[i]的值
    printf("max=%d\n",max);     //输出最终的结果 max
    return 0;
}
```

【注意】此程序中 n 的值要小于数组的长度 100，如果输入错误的范围，可以通过循环要求用户输入正确范围的数据。

代码如下：

```c
printf("n=");
    do
    {
```

```
        scanf("%d",&n);           //输入数据的个数，应小于 100
        if(n>=100||n<0)
            printf("n 的值应该在 0~100 之间");
    }while(n>=100||n<0);
```

【题目扩展】

（1）找出一组整数中的最大数及其位置。

【提示】定义整型变量 index，初始化为 1，表示初始状态下最大值的下标为 1（x[1]最大）。在找最大值的过程中，如果 x[i]>max，将 x[i]的值赋给 max 后，同时将下标 i 赋给整型变量 index。循环结束后，max 是一组数中的最大值，index 则为最大值的数组下标。

（2）找出一组整数中的最大数、最小数及其位置。

【提示】定义整型变量 maxindex 和 minindex，均初始化为 1，表示初始状态下最大值和最小值的下标都为 1。在找最大值、最小值的过程中，如果 x[i]>max，将 x[i]的值赋给 max 后，将下标 i 同时赋给整型变量 maxindex；否则判断 x[i]<min，如果满足条件将 x[i]的值赋给 min 后，将下标 i 同时赋给整型变量 minindex；循环结束后，max 是一组数中的最大值，maxindex 则为最大值的数组元素下标，min 是一组数中的最小值，minindex 是最小值的数组元素下标。

【例 6.5】采用"冒泡法"对 10 个整数按由小到大的顺序排序。

算法思想：将相邻的两个数进行比较，如果前面的数大于后面的数（由大到小排则相反），就交换这两个数的值，以此类推，第二个数和第三个数比较，满足条件交换，第三个数和第四个数比较……直到倒数第二个数和倒数第一个数比较，满足条件则交换。经过这一趟多次比较，最大的数就被排到了数组的最后一个位置。然后再进行下一趟排序，重复上次的过程，直到所有数据排序完毕，程序结束。

为了简化分析过程，现以 6 个数为例进行分析。例如，有如下一组数据：{34,2,–7,36,4,42}（如图 2-6-7 所示）。

第一趟排序的过程见表 2-6-2。

表 2-6-2　例 6.5 第一趟排序过程

| 趟数 | 次数 | 条件 | 操作 | 交换后数组状态 | | | | | |
| --- | --- | --- | --- | --- | --- | --- | --- | --- | --- |
| | | | | x[1] | x[2] | x[3] | x[4] | x[5] | x[6] |
| 第一趟 | 第一次 | x[1]>x[2]成立 | 交换 x[1]、x[2] | **2** | **34** | –7 | 36 | 4 | 42 |
| | 第二次 | x[2]>x[3]成立 | 交换 x[2]、x[3] | 2 | **–7** | **34** | 36 | 4 | 42 |
| | 第三次 | x[3]>x[4]不成立 | 不交换 | 2 | –7 | 34 | 36 | 4 | 42 |
| | 第四次 | x[4]>x[5]成立 | 交换 x[4]、x[5] | 2 | –7 | 34 | **4** | **36** | 42 |
| | 第五次 | x[5]>x[6]不成立 | 不交换 | 2 | –7 | 34 | 4 | 36 | 42 |

经过了第一趟的 5 次两两比较，{34,2,–7,36,4,42}中最大的数已经找到，而数组元素因为比较交换变成了{2,–7,34,4,36,42}，再进行第二趟比较，只需要对前 5 个数据进行比较，因为最后一个数已经排好序。

第二趟排序的过程见表 2-6-3。

表 2-6-3　例 6.5 第二趟排序过程

| 趟数 | 次数 | 条件 | 操作 | 交换后数组状态 | | | | | |
| --- | --- | --- | --- | --- | --- | --- | --- | --- | --- |
| | | | | x[1] | x[2] | x[3] | x[4] | x[5] | x[6] |
| 第二趟 | 第一次 | x[1]>x[2]成立 | 交换 x[1]、x[2] | −7 | 2 | 34 | 4 | 36 | 42 |
| | 第二次 | x[2]>x[3]不成立 | 不交换 | −7 | 2 | 34 | 4 | 36 | 42 |
| | 第三次 | x[3]>x[4]成立 | 交换 x[3]、x[4] | −7 | 2 | 4 | 34 | 36 | 42 |
| | 第四次 | x[4]>x[5]不成立 | 不交换 | −7 | 2 | 4 | 34 | 36 | 42 |

　　经过了第二趟的 4 次两两比较，{2,−7,34,4,36}中最大的数已经找到，而数组元素因为比较交换变成了{−7,2,4,34,36,42}，后面 2 个数据已排好序，再进行第三趟比较，只需要对前 4 个数据进行比较。

　　第三趟比较交换后的结果是：{−7,2,4,34,36,42}，后面 3 个数据已排好序，下一趟对前 3 个数进行比较。

　　第四趟比较交换后的结果是：{−7,2,4,34,36,42}，后面 4 个数据已排好序，下一趟对前 2 个数进行比较。

　　第五趟比较交换后的结果是：{−7,2,4,34,36,42}，后面 5 个数据已排好序，程序结束。

　　若是 10 个数则需要进行 9 趟排序，第 i 趟要两两比较 10−i 次。

　　从上述排序过程可以看出，程序设计过程中，利用外循环控制趟数，N 个数需要 N−1 趟排序，每趟比较的次数用内循环表示，但是内循环每趟比较次数不一样，随着趟数的增加而减少。第一趟排序需要比较 5 次，第二趟排序需要比较 4 次，第三趟排序比较 3 次……。可以看出趟数+比较次数=N，也即比较次数=N−趟数。

　　参考程序如下（10 个数排序）：

```c
#include <stdio.h>
#define N 10
int main()
{
    int x[N+1],i,j,t;        //定义 N+1 个元素的数组
    for(i=1;i<=N;i++)        //使用下标为 1~N 的数组元素
    {
        printf("No.%d:",i);
        scanf("%d",&x[i]);        //输入数组元素的值
    }
    for(i=1;i<=N-1;i++)    //排序 N 个数据，需要进行 N−1 趟排序，用 i 代表第几趟排序
        for(j=1;j<=N-i;j++)    //第 i 趟排序，共有 N−i 次比较
            if(x[j]>x[j+1])    //比较相邻两个数据的大小
            {
                t=x[j];x[j]=x[j+1];x[j+1]=t;    //满足条件则交换相邻元素的值
            }
    for(i=1;i<=N;i++)
        printf("%d",x[i]);        //循环输出 N 个元素的值
```

```
        printf("\n");
        return 0;
    }
```

【程序扩展】

在上述排序的案例中，经过第一趟和第二趟排序后，很明显数组内的元素已排好序，后面的第三趟、第四趟、第五趟没有做任何交换操作，但是程序还是需要继续循环直至结束。也就是说，对不同的数据，可能 N 个数据需要少于 N-1 趟排序即可完成排序。如何判定需要提前结束循环不需要进行新一趟排序呢？在案例中，第一趟排序有数据元素交换，说明上一次没有排好序。同样，第二趟也有数据元素交换。但是到第三趟的时候，没有任何数据交换，说明上一趟的结果已是排好序的数组了。可以添加一个开关变量 ischange，每趟循环开始时令其初值为 0，表示没有数据交换，在每次两两比较时，如果有数据交换将 ischange 置 1。这样控制趟数的外循环的条件在原来小于等于 N-1 的基础上，再增加一个条件"ischange 为真"，也就是如果趟数没有完成并且上一次有数据交换，则开始新一趟排序，否则循环结束。修改后的代码如下（10 个数排序）：

```
#include <stdio.h>
#define N 10
int main()
{
    int x[N+1],i,j,k,t,ischange;      //定义 N+1 个元素的数组
    for(i=1;i<=N;i++)                 //使用下标为 1~N 的数组元素
    {
        printf("No.%d:",i);
        scanf("%d",&x[i]);           //输入数组元素的值
    }
    for(i=1;i<=N-1&&ischange;i++)     //排序 N 个数据，需要进行 N-1 趟排序，用 i 代表
                                         第几趟排序
    {
        printf("第%d 趟排序:",i);
        ischange=0;      //开关变量赋初值
        for(j=1;j<=N-i;j++)          //第 i 趟排序，共有 N-i 次比较
            if(x[j]>x[j+1])          //比较相邻两个数据的大小
            {
                t=x[j];x[j]=x[j+1];x[j+1]=t;     //满足条件则交换相邻元素的值
                ischange=1;          //修改开关变量的值为 1，表示此趟排序有数据交换
            }
        for(k=1;k<=N;k++)           //输出每趟的排序结果
            printf("%d ",x[k]);
        printf("\n");
    }
    return 0;
```

}

【例 6.6】采用"选择法"对 10 个整数按由小到大的顺序排序。

算法思想：从 N 个数中找出最小的数放到第一个位置，再从剩下的 N-1 个数中找到最小数放到第二个位置，以此类推，最后一次从 2 个数中找到最小数放到 N-1 个位置，排序完毕。为了简化分析过程，现以 6 个数为例进行分析。例如，有如下一组数据：{34,2,–7,36,4,42}（如图 2-6-7 所示）。

第一趟排序：使用一维数组 x 存放数据，min 存放每一趟排序的最小值。默认 x[1]是这组数据的最小值，min 初值设为 x[1]，从 x[2]开始到 x[6]分别和 min 比较，发现有比 min 值小的元素，更新 min 值为此数据元素的值，并用 h 记录下该元素的下标。一趟比较完毕后，min 中存放的是所有数据元素的最小值，见表 2-6-4。

表 2-6-4　例 6.6 第一趟排序过程

| 位置（趟数） | 擂台 min | 打擂过程（找最小值） | | | |
|---|---|---|---|---|---|
| 1 | 初值<br>min=x[1]<br>min=34 | x[2]<min　2<34 | 成立 | min=x[2]　min=2 | 记住擂主下标 h=2 |
| | | x[3]<min　–7<2 | 成立 | min=x[3]　min=–7 | h=3 |
| | | x[4]<min　36<–7 | 不成立 | min 保持上一次结果<br>–7 | h 保持上次结果<br>h=3 |
| | | x[5]<min　4<–7 | 不成立 | min 保持上一次结果<br>–7 | h 保持上次结果<br>h=3 |
| | | x[6]<min　42<–7 | 不成立 | min 保持上一次结果<br>–7 | h 保持上次结果<br>h=3 |

第一趟假设的最小值为 x[1]，经过 5 次比较后，得到了这 6 个数据元素的实际最小值为 x[3]（下标为 3），只需交换 x[1]和 x[3]的值。在找最小值的过程中，最后的最小值 x[3]已储存到 min，只需将 x[1]存到 x[3]，min 存到 x[1]即可，如图 2-6-8 所示。第一趟排序后的数组为{–7,2,34,36,4,42}，x[1]已排好，第二趟从 x[2]到 x[6]找到最小数放到 x[2]位置。

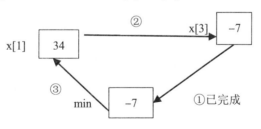

图 2-6-8　x[1]与 x[3]交换过程

第一趟排序后的结果如图 2-6-9 所示。

| x[0] | x[1] | x[2] | x[3] | x[4] | x[5] | x[6] |
|---|---|---|---|---|---|---|
| 未用 | -7 | 2 | 34 | 36 | 4 | 42 |

图 2-6-9　例 6.6 第一趟排序结果

第二趟排序：默认 x[2]是这组数据的最小值，min 初值设为 x[2]，最小值下标默认为 2，从 x[3]开始到 x[6]分别和 min 比较，发现有比 min 值小的元素，更新 min 值为此数组元素的值。一趟比较完毕后，min 中存放的是 x[2]~x[6]数据元素的最小值，见表 2-6-5。

表 2-6-5　例 6.6 第二趟排序过程

| 位置（趟数） | 擂台 min | 打擂过程（找最小值） | | | |
|---|---|---|---|---|---|
| 2 | 初值 min=x[2]<br>min=2<br>最小值下标<br>初值 h=2 | x[3]<min<br>34<2 | 不成立 | min 保持上一次<br>结果 2 | h=2 |
| | | x[4]<min<br>36<2 | 不成立 | min 保持上一次<br>结果 2 | h 保持上次结果<br>h=2 |
| | | x[5]<min<br>4<2 | 不成立 | min 保持上一次<br>结果 2 | h 保持上次结果<br>h=2 |
| | | x[6]<min<br>42<2 | 不成立 | min 保持上一次<br>结果 2 | h 保持上次结果<br>h=2 |

　　经过第二趟比较，找到最小值 min=2 及其对应的数组元素的下标 h=2，只需将 x[2] 和 x[2] 交换（其实此处交换多余）。第二趟排序后的结果如图 2-6-10 所示。

| x[0] | x[1] | x[2] | x[3] | x[4] | x[5] | x[6] |
|---|---|---|---|---|---|---|
| 未用 | −7 | **2** | 34 | 36 | 4 | 42 |

图 2-6-10　例 6.6 第二趟排序结果

　　以此类推，第三趟排序后的结果如图 2-6-11 所示。

| x[0] | x[1] | x[2] | x[3] | x[4] | x[5] | x[6] |
|---|---|---|---|---|---|---|
| 未用 | −7 | 2 | **4** | 36 | 34 | 42 |

图 2-6-11　例 6.6 第三趟排序结果

　　第四趟排序后的结果如图 2-6-12 所示。

| x[0] | x[1] | x[2] | x[3] | x[4] | x[5] | x[6] |
|---|---|---|---|---|---|---|
| 未用 | −7 | 2 | 4 | **34** | 36 | 42 |

图 2-6-12　例 6.6 第四趟排序结果

　　第五趟排序后的结果如图 2-6-13 所示。

| x[0] | x[1] | x[2] | x[3] | x[4] | x[5] | x[6] |
|---|---|---|---|---|---|---|
| 未用 | −7 | 2 | 4 | **34** | **36** | 42 |

图 2-6-13　例 6.6 第五趟排序结果

　　通过上述实例得知，6 个数据排序需要经过 5 趟排序过程，第一趟从 6 个数中找最小数，需要经过 5 次比较；第二趟从 5 个数中找最小值，需要经过 4 次比较；以此类推，第五趟找最小值需要经过 1 次比较。N 个数据排序，需要经过 N−1 趟排序，第 i 趟需要比较 N−i 次。外循环控制趟数，内循环控制次数。

　　参考程序（10 个数排序）：

```
#define N 10
#include <stdio.h>
int main()
{
    int x[N+1],i,j,min,h;
```

```
for(i=1;i<=N;i++)              //循环输入 N 个数据
{
    printf("No.%d:",i);
    scanf("%d",&x[i]);
}
for(i=1;i<=N-1;i++)           //外循环 i 控制趟数，共 N-1 趟
{
    min=x[i];h=i;              //假设 x[i]是最小值，下标为 i，h 记录最小值的下标
    for(j=i+1;j<=N;j++)       //从 i 后的剩余元素中找最小值
        if(min>x[j])          //有 x[j]比 min 小
        {
            min=x[j];         //将 x[j]放到 min 中
            h=j;              //h 记录当前最小值的下标
        }
    x[h]=x[i];               //将 x[i]移到 x[h]中
    x[i]=min;                //将真正的最小值放在 x[i]
}
for(i=1;i<=N;i++)
    printf("No.%d:%d\n",i,x[i]);    //输出数组所有元素
return 0;
}
```

【程序扩展】

在上述排序的案例中，第 i 趟默认的最小值为 x[i]，真正找到的最小值为 x[h]，最后将 x[i]和 x[h]交换。第一趟 i=1，找到的最小值下标 h=3，因此交换了 x[h]和 x[3]的值。第二趟 i=2，找到的最小值下标 h=2，说明 x[2]本就是从 x[2]到 x[6]的最小值，就不需要再交换了，前面已说明（交换多余）。第三趟 i=3，找到的最小值下标 h=5，因此交换了 x[3]和 x[5]的值。第四趟 i=4，找到的最小值下标 h=5，因此交换了 x[4]和 x[5]的值。第五趟 i=5，找到的最小值下标 h=5，说明 x[5]本就是从 x[5]到 x[6]的最小值，就不需要再交换了。也就是说当 i 和 h 的值不相同时才需要交换 2 个数据。因此，前面的程序可以改成下面的效果：

```
if(i!=h)
{
    x[h]=x[i];               //将 x[i]移到 x[h]中
    x[i]=min;                //将真正的最小值放在 x[i]中
}
```

## 6.2　字符型数组

通过前面章节知识的学习得知，数组元素都是整数的数组称为整型数组；数组元素均为实型的数组为实型数组。同样，数组元素都是字符型的则为字符型数组，字符型数组在定义和引用方面和其他数组无异。但是在 C 语言中没有字符串类型的变量，只能通过字符型数组对字符串常量进行操作。因此，字符型数组又拥有和其他类型数组不同的特性。

**（一）字符型数组和其他类型的数组操作的相同点**

**1．字符型数组的定义**

char name[10];　　　　　　//表示定义了一个包含 10 个字符元素的数组

char stuName[50][10];　　//表示定义了一个包含 50 个元素的数组，每个元素又是长度 10

　　　　　　　　　　　　　//的字符数组

**2．字符型数组的初始化**

char name[10]={'L','i','u','L','i'};　　//利用字符常量对字符数组元素初始化

此一维数组初始化的结果如图 2-6-14 所示。

| name[0] | name[1] | name[2] | name[3] | name[4] | name[5] | name[6] | name[7] | name[8] | name[9] |
|---------|---------|---------|---------|---------|---------|---------|---------|---------|---------|
| L | i | u | L | i | \0 | \0 | \0 | \0 | \0 |

图 2-6-14　一维字符数组初始化结果

char stuName[50][10]={{'L','i','u','L','i'},

　　　　　　　　　　　{'W','a','n','g','P','i','n','g'},

　　　　　　　　　　　{'Z','h','a','o','N','a'}};

此二维数组初始化的结果如图 2-6-15 所示（属于部分初始化）。

|  | 0 | 1 | 2 | 3 | 4 | 5 | 6 | 7 | 8 | 9 |
|---|---|---|---|---|---|---|---|---|---|---|
| stuName[0] | L | i | u | L | i | \0 | \0 | \0 | \0 | \0 |
| stuName[1] | W | a | n | g | P | i | n | g | \0 | \0 |
| stuName[2] | Z | h | a | o | N | a | \0 | \0 | \0 | \0 |
| stuName[N] | \0 | \0 | \0 | \0 | \0 | \0 | \0 | \0 | \0 | \0 |

图 2-6-15　二维字符数组初始化的结果

　　**【注意】**字符 0 和字符 '\0' 是不一样的，字符 0 的 ASCII 码值是 48，而字符 '\0' 的 ASCII 码值是 0，代表 NULL 字符，屏幕上占一个宽度但不显示内容，只是作为字符串结束的标志。同样，字符空格和字符 NULL 在屏幕上都是占一个宽度而不显示内容，但是字符空格的 ASCII 码值是 32，代表空格的作用。

**3．字符型数组元素的引用**

　　字符型数组由多个字符元素构成，引用的数组元素即为一个字符。和前面数组引用一样，对于一维数组借助一层循环分别引用数组中的每个元素，对于二维数组借助二层循环分别引用数组中的每个元素。

　　例如：输出字符数组中的每个元素。

```c
#include <stdio.h>
int main()
{
    int i;
    char name[10]={'L','i','u','L','i'};
    for(i=0;i<10;i++)
        printf("%c",name[i]);
    return 0;
```

```
}
#include <stdio.h>
int main()
{
    int i,j;
    char stuName[50][10]={{'L','i','u','L','i'},{'W','a','n','g','P','i','n','g'},{'Z','h','a','o','N','a'}};
    for(i=0;i<50;i++)
    {
        for(j=0;j<10;j++)
        {
            printf("%c",stuName[i][j]);
        }
        printf("\n");
    }
    return 0;
}
```

从上述字符数组的使用过程可知，在字符型数组的定义、初始化和引用方面均和前面的整型和实型数组类似。但是在使用字符数组的过程中发现，实际使用的字符个数和定义字符数组长度往往不同，多出的空间均存储空字符（'\0'）。为避免处理大量空字符（'\0'），我们让循环按照数组字符实际个数处理即可，遇到空字符（'\0'）可以结束循环。上述输出数组元素的循环条件可以改为 name[i]!='\0'。同时，在实际中对字符串作为一个整体处理更有意义。所以字符型数组和字符串结合在一起来处理多个字符的操作。

C 语言规定了一个"字符串结束标志"——'\0'（ASCII 码为 0 的空字符），存储一个字符串时总是在字符串后面自动加上一个'\0'，表示该字符串结束。在利用字符数组存储和操作字符串方面使字符数组和其他类型的数组有了差异。

**（二）字符型数组和其他类型数组操作的不同点**

**1．利用字符串常量对字符型数组初始化**

char name[10]={"LiuLi"};或者 char name[10]="LiuLi";或者 char name[]={"LiuLi"};

【注意】最后一个初始化语句的字符数组长度至少为 6（字符串的长度至少为实际字符个数加 1）。

char stuName[][10]={{"LiuLi"},{"WangPing"},{"ZhaoNa"}};

**2．利用输入输出方式对字符型数组初始化**

（1）通过%s 进行整体输入和输出。

char name[10];
scanf("%s",name)
printf("%s",name);

scanf 语句中，%s 后面的地址表列直接用数组名而不需要加&，因为数组名本身代表数组的起始地址。利用%s 进行字符串输入时，遇到空格、Tab 键或者回车结束。利用%s 进行输出时，表示从 name 所代表的地址开始，输出里面的数据，直到遇到第一个'\0'结束。注意：

以%s 格式输入输出时，scanf 和 printf 函数后面的参数都是数组名（即：地址）。

（2）通过 gets()、puts()进行输入、输出。

　　char name[10];

　　gets(name);

　　puts(name);

（3）两种输入输出方式的区别。

① gets(数组名)与 scanf("%s",数组名)的区别：

➢　gets 遇回车时结束输入。也就是说，gets 可以接收回车前的任何输入。

➢　scanf 不同，遇到回车、空格、制表符就结束输入。

➢　scanf 的空格、回车仍然会留在缓冲区。

➢　输入结束后，gets 的回车不会留在缓冲区。

例如：char a[]="I love C language";，如果要一次性地接收全部的字符串，要用 gets。

② puts(数组名)与 printf("%s",数组名)的区别：

puts 函数输出字符串后会自动加换行，而 printf("%s",数组名)不会。

puts(数组名)与 printf("%s\n",数组名)等效。

## （三）实例解析

【示例 6-5】以下程序用于删除字符串中所有的空格，请填空。

```c
#include<stdio.h>
int main()
{
    char s[100]={"Our teacher teach C language!"};
    int i,j;
    for(i=j=0;s[i]!='\0';i++)
        if(s[i]!=' '){s[j]=s[i];j++;}
    s[j]=_____;
    puts(s);
    return 0;
}
```

正确答案：'\0'

程序分析：由于循环结束的条件是 s[i]!='\0'，所以'\0'没有被拷贝过去，因此循环处理完有效字符后，再将'\0'放到 j 所指位置。

【示例 6-6】有以下程序：

```c
#include<stdio.h>
#include<string.h>
void main()
{
    char p[]={'a','b','c'},q[10]={'a','b','c'};
    printf("%d,%d\n",strlen(p),strlen(q));
}
```

以下叙述中正确的是（　　）。（二级考试真题 2016.3）

  A.　在给 p 和 q 数组赋初值时，系统会自动添加字符串结束符，故输出的长度都为 3

  B.　由于 p 数组中没有字符串结束符，长度不能确定，但 q 数组中字符串长度为 3

  C.　由于 q 数组中没有字符串结束符，长度不能确定，但 p 数组中字符串长度为 3

  D.　由于 p 和 q 数组中都没有字符串结束符，故长度都不能确定

正确答案：B

程序分析：strlen 函数的作用是实测字符串的实际长度（不含字符串结束标志'\0'）。对于 p 数组，初始化省略了数组长度，故数组元素被初始化为'a'、'b'、'c'，没有字符串结束符'\0'，故数组长度不确定；而对于 q 数组，指定的数组长度为 10，初始化'a'、'b'、'c'后，后面的 7 个数组元素均初始化为'\0'，故 strlen 的结果为 3。

### （四）字符串处理函数

#### 1．常用的字符串处理函数及其功能

（1）字符串连接函数 strcat()。

strcat(字符数组名,字符串表达式)：把字符串表达式中的字符串连接到字符数组中字符串的后面形成一个新的字符串，函数返回值是字符数组的首地址。

（2）字符串复制函数 strcpy()。

strcpy(字符数组名,字符串表达式)：把字符串表达式中的值复制到字符数组中，包括字符串结束标志'\0'。该函数的返回值是字符数组的首地址。

（3）字符串比较函数 strcmp()。

strcmp(字符数组名 1,字符数组名 2)：从左向右依次对应比较两个字符串中的字符，当出现不同字符时比较结束，返回不相同字符的 ASCII 码差值。

（4）测字符串长度函数 strlen()。

strlen(字符数组名)：测字符串的实际长度(不含字符串结束标志'\0')，并作为函数返回值。

#### 2．真题解析

【示例 6-7】有定义语句 "char s[10];"，若要从终端给 s 输入 5 个字符，错误的输入语句是（　　）。（二级考试真题 2016.3）

  A.　gets(&s[0]);  B.　scanf("%s",s+1);  C.　gets(s);  D.　scanf("%s",s[1]);

正确答案：D

程序分析：scanf 和 gets 后面的参数是地址列表，而数组名代表地址，所以 s、s+1 和&s[0] 均表示 s 数组内的有效地址，而 D 选项中 s[1]是数组元素。

【示例 6-8】利用字符数组，产生随机验证码。

程序分析：验证码是多个随机字符组合构成的字符串，可以定义一个字符数组作为字符库，里面存储构成验证码的所有字符，利用随机函数产生随机整数作为字符数组的下标，将此下标的字符取出作为验证码中的一个字符。

```
#include<stdio.h>
#include<time.h>
#include<stdlib.h>
#define N 5
void main()
```

```
{
    char total[100]="\0",randchar[N+1]={'\0'};
    int i,j=0,t;
    for(i=0;i<26;i++)
        total[j++]='A'+i;                //将 26 个字母存储到字符库中
    for(i=0;i<10;i++)
        total[j++]='0'+i;                //将 10 个数字字符存储到字符库中
    srand(time(0)); //随机种子
    for(i=0;i<N;i++)                      //产生 N 个随机字符
    {
        t=rand()%j;                      //生成 0~(j-1) 范围内的数字
        randchar[i]=total[t];            //取出此位置的字符到验证码中
    }
    printf("%s\n",randchar);             //输出验证码
}
```

# 【重点难点分析】

　　本章主要讲解数组相关的内容，包括数组的定义、引用、初始化和数组的应用。同时，对于字符数组的特殊操作进行讲解，并介绍了字符数组常用的库函数。

　　本章要重点掌握一维数组和二维数组的定义、初始化和引用方法，理解字符数组与字符串的区别，掌握它们的区别和联系，尤其是字符型数组和数值型数组操作的差异。同时，较熟练地掌握使用数组进行程序设计，解决批量数据处理的实际问题。

# 【部分课后习题解析】

　　11.【提示】金字塔图案共由 4 行构成，每行又由空格、星花（＊）和回车 3 种字符构成。由图案可分析出每行空格数、星花（＊）和回车字符的数量的规律，见表 2-6-6 所示。

表 2-6-6　3 种字符的变化规律

| 行数 i | 空格数量 j | 星花数量 k | 回车数量 |
|--------|-----------|-----------|---------|
| 第 1 行 | 3 | 1 | 1 |
| 第 2 行 | 2 | 3 | 1 |
| 第 3 行 | 1 | 5 | 1 |
| 第 4 行 | 0 | 6 | 1 |
| 第 i 行 | 4-i | 2*i-1 | |

　　对于多行多列的图案利用双层循环即可完成。外循环 i 控制行数，i 的变化范围从 1 到 4，内循环控制每行打印输出的内容。空格打印的数量随着行数减少，循环变量 j 和 i 的关系为 i+j=4，得出 j=4-i。星花打印的数量随着行数增加，循环变量 k 和 i 的关系为 k=2*i-1。得到程序的架构为：

```
#include<stdio.h>
int main()
```

```
    {
        定义循环变量
        外循环控制行数
        {
            循环打印空格;
            循环打印星花;
            printf("\n");
        }
        return 0;
    }
```

12.【提示】把表 2-6-7 中的值读入数组，再分别求各行、各列及表中所有数之和。

表 2-6-7　二维数组表

| i ＼ j | 0 | 1 | 2 | 3 | 各行的和 |
|---|---|---|---|---|---|
| **0** | 23 | 83 | 36 | 48 | hsum[0] |
| **1** | 28 | 55 | 37 | 56 | hsum[1] |
| **2** | 27 | 64 | 85 | 54 | hsum[2] |
| **各列的和** | lsum[0] | lsum[1] | lsum[2] | lsum[3] | 所有元素的和 sum |

多行多列的数据可以使用二维数组存储。此表格数据由 3 行 4 列构成，则定义 3 行 4 列的整型数组，各行的和用 hsum[3]存储，各列的和用 lsum[4]存储，求和之前均初始化为 0。最后利用循环遍历数组中的元素进行累加即可。

13.【提示】利用打擂法，定义最大值 max 和最小值 min 两个擂台，初始值均为数组第一个元素。利用循环从第二个元素到最后一个元素，判断有没有元素 a[i]比 max 大，如果大于 max，将此元素的值放入 max，否则判断元素 a[i]是否比 min 小，如果小于 min，则将此元素的值放入 min。当所有元素和 max、min 都比较完毕后，max 和 min 中存储的就是整个数组中的最大值和最小值。

14.【提示】在课本提示的基础上，考虑如果大写字母的代码+3 后超出大写字母的范围如何处理。例如大写字母 Z，加上 3 后输出的字符为]，如何让其再从大写字母表第一个开始进行输出呢？也就是将 Z 替换为第三个大写字母 C，将 Z+3-26 即可。

# 【练习题】

## 一、选择题

1. 以下关于数组的描述正确的是（　　）。
   A. 数组的大小是固定的，但可以有不同类型的数组元素
   B. 数组的大小是可变的，但所有数组元素的类型必须相同
   C. 数组的大小是固定的，但所有数组元素的类型必须相同
   D. 数组的大小是可变的，但可以有不同类型的数组元素

2. 在定义 "int a[10];" 之后，对 a 的引用正确的是（　　）。
   A. a[10]　　　　　B. a[6.3]　　　　C. a(6)　　　　D. a[10-10]

3. 以下能正确定义数组并正确赋初值的语句是（　　）。

    A. int n=5,b[n][n];         B. int a[1][2]={{1},{3}};

    C. int c[2][]={{1,2},{3,4}};    D. int a[3][2]={{1,2},{3,4}};

4. 以下不能正确赋值的是（　　）。

    A. char s1[10];s1="test";      B. char s2[]={'t','e','s','t'};

    C. char s3[20]= "test";      D. char s4[4]={'t','e','s','t'};

5. 下面程序段运行时输出结果是（　　）。

char s[12]="A book";

printf("%d\n",strlen(s));

    A. 12        B. 8        C. 7        D. 6

## 二、读程序写结果

1. 有如下程序：

```c
#include <stdio.h>
int main()
{
    float b[6]={1.1,2.2,3.3,4.4,5.5,6.6},t;
    int i;
    t=b[0];
    for(i=0;i<5;i++)
        b[i]=b[i+1];
    b[5]=t;
    for(i=0;i<6;i++)
        printf("%6.2f",b[i]);
    return 0;
}
```

程序运行结果为_____。

2. 有如下程序：

```c
#include <stdio.h>
int main()
{
    int a[3][3]={1,3,5,7,9,11,13,15,17};
    int sum=0,i,j;
    for (i=0;i<3;i++)
        for (j=0;j<3;j++)
        {
            a[i][j]=i+j;
            if (i==j)
            sum=sum+a[i][j];
        }
    printf("sum=%d",sum);
    return 0;
```

```
    }
```
程序运行结果为＿＿＿＿＿。

3.　有如下程序：
```
    #include <stdio.h>
    int main()
    {
        int i,s;
        char s1[100],s2[100];
        printf("input string1:\n");
        gets(s1);
        printf("input string2:\n");
        gets(s2);
        i=0;
        while ((s1[i]==s2[i])&&(s1[i]!='\0'))
            i++;
        if ((s1[i]=='\0')&&(s2[i]=='\0'))
            s=0;
        else
            s=s1[i]-s2[i];
        printf("%d\n",s);
        return 0;
    }
```
输入数据　　　aid
　　　　　　　and
程序运行结果为＿＿＿＿＿。

### 三、程序设计

1.　有一个正整数数组，包含 N 个元素，要求编程求出其中的素数之和以及所有素数的平均值。

2.　有 N 个数已按由小到大的顺序排好，要求输入一个数，把它插入到原有序列中，而且仍然保持有序。

3.　打印如下形式的杨辉三角形。
```
        1
        1   1
        1   2   1
        1   3   3   1
        1   4   6   4   1
        1   5   10  10  5   1
```
输出前 10 行，从 0 行开始，分别用一维数组和二维数组实现。

4.　在一个二维数组整型数组中，每一行都有一个最大值，编程求出这些最大值以及它们的和。

# 第7章 函 数

## 【知识框架图】

知识框架图如图 2-7-1 所示。

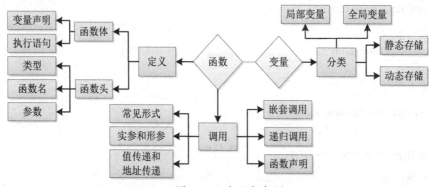

图 2-7-1 知识框架图

## 【知识点介绍】

## 7.1 函数概述

### （一）函数定义的一般形式

类型说明符 函数名([形参表])

{

　　函数体

}

函数定义的四个要素：

（1）类型说明符规定了这个函数的返回值类型（如整型、实型等变量可取的类型）。void 表示函数没有返回值，缺省则默认是 int 类型。

（2）函数名规定了函数的名称，通过这个名称才能对某个函数进行调用。在 C 语言中，函数名也被看作一个变量（但这个变量表示的是函数的地址，而不是函数的返回值），它的命名规则同标识符的命名规则。

（3）形参表列规定了函数有什么样的参数（这部分可以省略，省略之后的函数被称作无参函数）。这些形式参数的作用是接收从主调函数传递过来的数据，它们的值由主调函数给出。

（4）函数体包括变量定义和函数体语句。变量定义部分规定了在函数内部要用到的变量和它们的类型。函数体语句规定了函数中要执行的语句。函数体语句和变量定义部分用一对大括号包围起来。

【示例 7-1】

```
#include<stdio.h>
int max(int x,int y)
{
    int t;
    t=(x>y)?x:y;
    return(t);
}
int main()
{
    int i,j;
    scanf("%d,%d",&i,&j);
    printf("The max is %d",max(i,j));
    return 0;
}
```

运行结果为：

输入：5,9 回车

The max is 9_

可以对照前面函数定义时的四个要素，理解这个例子中的 max 函数。

**（二）函数的分类**

（1）库函数。由 C 编译系统提供的函数。如 printf()，使用时需要在程序中包含相应的头文件。

（2）用户定义函数。如：输出一串星号的函数。

```
void printstar()
{
    printf("*********\n");
}
```

（3）有返回值的函数。在函数首部需说明函数类型，函数体内需有 return 表达式语句，并且函数类型和 return 语句返回值的类型要一致。如：求两个整数中较大数的函数。

```
int max(int x,int y)
{
    return x>y?x:y;
}
```

（4）无返回值的函数。函数为空（void）类型，并且 return 语句后无表达式，否则会出错。如果省略函数类型，则默认是 int 类型。

（5）有参函数。如 putchar(x)。

（6）无参函数。如 getchar()。

**（三）函数声明**

两个函数，如果其中一个调用另一个，则前者称为主调函数，后者称为被调函数。如果被调函数的位置在主调函数的后面，则应该在主调函数中声明被调函数。

一般形式：类型说明符 函数名([形参表]);

一定要有函数名、函数的返回类型、函数的参数类型；不一定要有形参的名称。

【示例 7-2】

```
#include<stdio.h>
int main()
{
  int i,j;
  int sum(int x,int y);    //函数声明，也可以用 int sum(int,int); 或者 int sum(int a,int b);
  scanf("%d%d",&i,&j);
  printf("%d+%d=%d\n",i,j,sum(i,j));
  return 0;
}
int sum(int x,int y)
{
  return(x+y);
}
```

main()函数调用了 sum 函数，则需要在 main()函数中对 sum 进行函数声明：int sum(int x,int y);。

【示例 7-3】有以下程序，请在（　　）处填写正确语句，使程序可以正常编译运行。（二级考试真题 2014.3）

```
#include<stdio.h>
(          )
int main()
{
  double x,y,(*p)();        //此处定义了函数指针 p，参考第 8 章 8.5 指针与函数部分内容
  scanf("%lf%lf",&x,&y);
  p=avg;                   //p 指向函数 avg
  printf("%f\n",(*p)(x,y)); //此处用函数指针进行了函数调用
  return 0;
}
double avg(double a,double B)
{
  return((a+B)/2);
}
```

正确答案：double avg(double a,double B); 或者 double avg(double,double);

【建议】

（1）在函数之外、程序的最前面对被调函数进行声明；

（2）尽量将被调函数写在前面，将 main()函数定义在最后。

### （四）函数的参数

**1．形参和实参定义**

（1）形参：出现在函数定义中，一般是变量名的形式；

（2）实参：出现在函数调用中，可以是常量、变量和表达式，也可以是数组元素。调用时将形参的值传递给实参，形参值的改变不会影响实参的值。

【注意】二者必须数量相等，类型一致，顺序一一对应。

**2．参数传递**

参数传递的方向是由实参到形参。当形参变量为普通变量时，函数实参可以是变量、数组元素、表达式、常量等形式，函数形参为对应类型的变量。调用函数时，由系统给形参分配存储单元，存放从实参复制过来的数值。函数调用结束后，形参存储单元释放。例如下面的程序：

【示例 7-4】读程序写结果。

```c
#include<stdio.h>
void func1(int x)
{
  ++x;
  printf("%d",x);
}
int main()
{
  int n=10;
  func1(n);
  printf("%d",n);
  return 0;
}
```

程序的运行结果为：1110

程序中 main()函数调用 func1 函数时，把实参 n 的值 10（注意不是 n）传给了形参 x，x在 func1 函数中进行增 1 运算，这时 x 的值发生了改变，但该值不能返回到实参 n 中，因为x 是 func1 函数内部定义的变量，属于局部变量，调用函数时，系统为 x 变量在存储器的动态存储区分配存储空间，函数调用结束后，x 变量被释放，数值被清，故 n 值不变，体现了传值的单向性。该程序运行后的结果为：1110

【示例 7-5】有以下程序：

```c
int fun()
{
  static int x=1;
  x*=2;
  return x;
}
int main()
{
```

```
    int i,s=1;
    for(i=1;i<=3;i++)
        s*=fun();
    printf("%d\n",s);
    return 0;
}
```

程序运行后的输出结果是（　　）。（二级考试真题 2011.3）

    A．0　　　　　　B．10　　　　　　C．30　　　　　　D．64

正确答案：D

程序分析：函数 fun 中定义的 x 为静态变量（静态变量详见后面"变量的存储类别"部分解析），第一次调用函数时为其分配内存空间，函数调用结束后该空间不会被释放，所以 main 函数中重复调用三次 fun()返回值分别是：2、4、8，程序运行最后的输出结果为 64。

**（五）函数的返回值**

在函数中由 return 语句返回。当 return 语句中的表达式的类型和函数类型不一致时，以函数类型为准。

【示例 7-6】读程序写结果。

```
#include<stdio.h>
int main()
{
    int max(float x,float y);
    float a,b; int c;
    scanf("%f,%f",&a,&b);
    c=max(a,b);
    printf("max is %d\n",c);
    return 0;
}
int max(float x,float y)
{
    float z;
    z=x>y?x:y;
    return(z);
}
```

程序的运行结果为：max is 10

程序分析：程序执行后，输入 3.5,10.6 回车；在函数 max 中，x 接收数据 3.5，y 接收数据 10.6，计算后变量 z 的值是实数 10.6，但是函数 max 的类型是 int，所以实际上需要将返回值由 float 类型转成 int 类型（此处转化是只取整数部分），所以程序最后输出的信息是：max is 10。

## 7.2 函数调用

### （一）一般形式

一般形式：函数名([实参表])

（1）函数调用单独作为一个语句，如"funa(10);"。

（2）函数调用出现在另一个表达式中，如"c=max(a,b)+50;"。

（3）函数调用作为另一函数调用时的实参，如"m = max(a,max(b,c));"。

### （二）函数调用的执行过程

#### 1．执行过程

（1）暂时中断主调函数的运行，转向被调函数。

（2）为被调函数的形参分配内存单元。

（3）计算主调函数实参的值，并传递给对应的形参。

（4）执行被调函数的函数体。

（5）释放被调函数形参的内存单元。

（6）返回主调函数调用位置的后续语句，继续运行。

#### 2．真题解析

【示例 7-7】有以下程序：（二级考试真题 2009.9）

```c
#include<stdio.h>
void fun(int p)
{
 int d=2;
 p=d++;
 printf("%d",p);
}
int main()
{
 int a=1;
 fun(a);
 printf("%d\n",a);
 return 0;
}
```

程序运行后的输出结果是（　　）。

   A. 32　　　　　B. 12　　　　　C. 21　　　　　D. 22

正确答案：C

程序分析：程序从 main() 函数开始执行，当执行到 fun(a)时，main()函数执行中断，此处为断点，程序跳转到被调函数 fun()，实参 a 的值 1 传递给形参 p，开始执行被调函数，输出 p 的值 2，被调函数执行完毕，返回主调函数断点位置，继续往下执行，输出 a 的值 1，返回 0，程序运行结束。

### （三）嵌套调用和递归调用

#### 1．嵌套调用

C 语言中不允许作嵌套的函数定义。因此各函数之间是平行的，不存在上一级函数和下一级函数的问题。但是 C 语言允许在一个函数的调用中出现对另一个函数的调用。这样就出现了函数的嵌套调用。即在被调函数中又调用其他函数。其关系表示如图 2-7-2 所示。

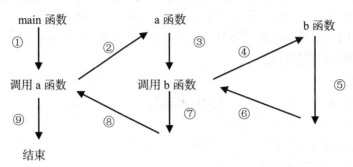

图 2-7-2　嵌套调用过程

图 2-7-2 中表示了两层嵌套的情形。其执行过程是：执行 main 函数中调用 a 函数的语句时，即转去执行 a 函数，在 a 函数中调用 b 函数时，又转去执行 b 函数，b 函数执行完毕返回 a 函数的断点继续执行，a 函数执行完毕返回 main 函数的断点继续执行。

#### 2．实例分析

对于教材 P125 页中的例 7.9，作如下分析：

（1）本程序共定义 4 个函数：主函数 main 中输入 m 的值；函数 print 输出 m 遍符号；函数 pstar 输出一串星号；函数 pline 输出一串井号。

（2）对函数 pstar 和 pline 的声明放在了程序的最前面，后面定义的所有函数都可以不用声明而直接使用这两个函数。

　　int pstar(int);　　//函数声明
　　int pline(int);　　//函数声明

（3）执行从 main 函数开始，函数间调用关系如图 2-7-3 所示。

假如程序执行时输入 5，则执行过程如下：

① 执行 print(5)语句，转到 print 函数中；

② 开始时 k=1，i=1。

print 函数中的第一次循环：执行循环体第一句 k=pstar(1);，转到 pstar 函数中，输出一行星号（1 个*），然后返回到 print 函数，同时返回值 2 赋给 k；接着执行循环体第二句 k=pline(2);，转到 pline 函数中，输出一行井号（2 个#），然后返回到 print 函数，同时返回值 3 赋给 k；此次循环结束，i 加 1 变为 2。

print 函数中的第二次循环：此时 k=3，执行循环体第一句 k=pstar(3);，转到 pstar 函数中，输出一行星号（3 个*），然后返回到 print 函数，同时返回值 4 赋给 k；接着执行循环体第二句 k=pline(4);，转到 pline 函数中，输出一行井号（4 个#），然后返回到 print 函数，同时返回值 5 赋给 k；此次循环结束，i 加 1 变为 3。

依次执行第三次、第四次、第五次……循环。

③ 当 i=6 时，print 函数中的循环结束，继续往下执行后面的语句，此处是一个 return 语

句，将返回到 main 函数的调用位置，再继续往下执行 main 中的后续语句，程序结束。

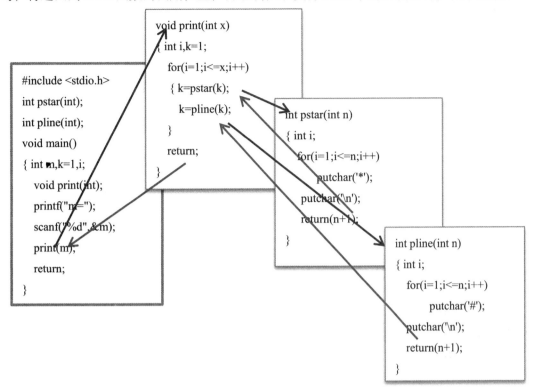

图 2-7-3　函数间调用关系

【注意】函数不能嵌套定义，但可以嵌套调用。

### 3．递归调用

递归调用是嵌套调用的一种特殊情况。在调用一个函数的过程中，又直接或间接的调用该函数本身，称为函数的递归调用。递归调用可以分为两种：一种是直接递归调用，另一种是间接递归调用。

对于教材 P127 页中的例 7.10：用递归法求 n!。我们作如下分析：

n!=n*(n-1)*(n-2)*…*2*1=n*(n-1)!

如：5!=5*4*3*2*1=5*4!

将求阶乘的函数定义为 fun()，则 5!=fun(5)=5*4*3*2*1=5*4!，而 4!也可以表示成 4!=fun(4)=4*3*2*1=4*3!，因此 5!=5*fun(5-1)!。

图 2-7-4 为用函数 fun()求 5!的过程：

显然，这是一个递归问题。求解可分为两个阶段：第 1 阶段是"递推"，即将数 5 的阶乘表示为求数（5-1）的阶乘的函数，而数（5-1）的阶乘仍然还不知道，还要"递推"到数（5-2）的阶乘……直到数 1 的阶乘。此时 fun(1)已知，不必再向前推了。然后开始第二阶段，采用回归方法，从数 1 的已知阶乘推算出数 2 的阶乘（2），从数 2 的阶乘推算出数 3 的阶乘（6）……一直到推算出数 5 的阶乘（120）为止。也就是说，一个递归的问题可以分为"递推"和"回归"两个阶段。要经历若干步才能求出最后的值。显而易见，如果要求递归过程不是无限制进行下去，必须具有一个结束递归过程的条件。本例中，fun(1)=1 就是使递归结束的条件。

如果求 n!, 只需将 5 换成 n 即可, 即 fun(n)=n*fun(n-1)。

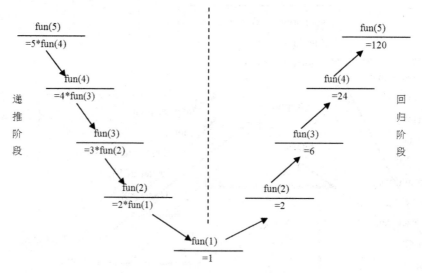

图 2-7-4　n=5 时的递归调用过程

## 4．真题解析

【示例 7-8】设有如下函数定义:

```
int fun(int k)
{ if(k<1) return 0;
  else if(k==1) return 1;
  else return fun(k-1)+1;
}
```

若执行调用语句: n=fun(3);, 则 n 的值是 (　　)。(二级考试真题 2014.3)

　A．2　　　　　B．3　　　　　C．4　　　　　D．5

正确答案: B

程序调用过程如图 2-7-5 所示。

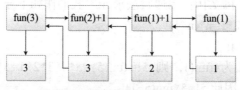

图 2-7-5　示例 7-8 函数调用过程

【示例 7-9】程序运行后的输出结果是 (　　)。(二级考试真题 2010.9)

```
#include<stdio.h>
void fun(int x)
{
  if(x/2>1)
    fun(x/2);
  printf("%d",x);
}
```

```
main()
{
    fun(7);
    printf("\n");
}
```
　　A. 1 3 7　　　　　B. 7 3 1　　　　C. 7 3　　　　D. 3 7
正确答案：D
程序调用过程如图2-7-6所示。

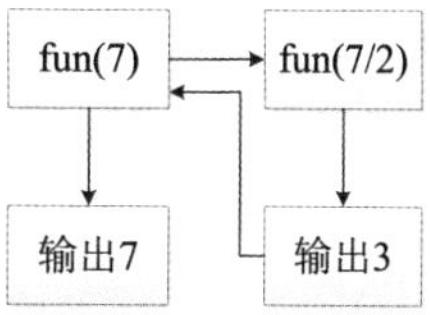

图 2-7-6　示例 7-9 函数调用过程

## 7.3　数组作为函数参数

### （一）数组元素作为函数参数

数组元素作函数参数时，其用法与一般变量作函数参数时相同。但是数组元素只能作为函数的实参，而不能作为函数的形参。

### （二）数组名作为函数参数

#### 1．地址传递

在C语言中，数组名是一个地址，而且是一个地址常量，它代表的是该数组元素的首地址，不是一个变量。当使用数组名作为实参时，实参的值就是数组的首地址，形参数组接收的也是该数组的首地址，被调函数通过形参数组的变化来访问主调函数中的数据。数组名作函数参数的实质是进行地址传递，形参和实参共用同一内存单元，分别给这块内存单元取了不同的名字。请看下面的例子：

【示例 7-10】运行以下程序并输出结果。

```
#include<stdio.h>
void func(int b[5])
{
    b[0]=5;b[1]=4;b[2]=3;b[3]=2;b[4]=1;
}
int main()
{
    int i;
    int a[5]={1,2,3,4,5};
    func(a);
    for(i=0;i<5;i++)
    printf("%4d",a[i]);
    printf("\n");
```

```
        return 0;
    }
```
运行结果为：5　4　3　2　1

程序分析：示例中实参与形参均为数组名，调用函数时，实参数组的首地址复制后给了形参数组，使形参数组名指向了实参数组，当改变形参数组元素值时,实参元素值必然改变，因为实参数组和形参数组是同一块存储单元。

【注意】

（1）数组名作为形参时，实参也需要是一个数组名，并且和形参数组类型一致。

（2）形参数组的长度可以与实参数组不同，形参数组的长度也可以不定义。

（3）调用时传递的是实参数组的首地址，形参数组值的改变会影响实参数组的值。

## 2．真题解析

【示例 7-11】有以下程序：

```c
#include <stdio.h>
#define N 4
void fun(int a[][N], int b[])
{
    int i;
    for(i=0; i<N; i++)
        b[i]=a[i][i];
}
int main()
{
    int x[][N]={{1,2,3},{4},{5,6,7,8},{9,10}},y[N], i;
    fun(x,y);
    for (i=0; i<N; i++)
        printf("%d,", y[i]);
    printf("\n");
    return 0;
}
```

程序的运行结果是（　　）。（二级考试真题 2008.9）

　A．1,2,3,4,　　　　B．1,0,7,0,　　　　C．1,4,5,9,　　　　D．3,4,8,10,

正确答案：B

程序分析：程序从 main()开始执行，当调用函数 fun(x,y)时，实参数组和形参数组共用内存空间，即实参二维数组 x[][N]与形参二维数组 a[][N]共用数组空间，实参一维数组 y[N]与形参一维数组 b[]共用数组空间（如图 2-7-7 所示）。然后开始运行被调函数 fun()，把二维数组对角线上元素的值赋值给一维数组 b[](同时也是 y[]),调用结束后，返回主调函数断点位置，继续执行，输出数组 y[]的值（即 b[]的值）。

函数调用前：

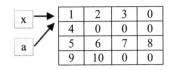

函数调用后：

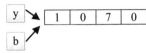

图 2-7-7  示例 7-11 地址传递示意图

## 7.4  变量的作用域及存储类别

### （一）变量的作用域

#### 1. 局部变量和全局变量

按照变量的作用范围分为局部变量和全局变量。同一作用域的变量不能重名；当局部变量与全局变量重名时，在局部变量的作用域内，全局变量被屏蔽。

【示例 7-12】读下面的程序，分析变量的作用范围。

```
#include <stdio.h>
int a=3,b=5;        //a、b 是全局变量，作用域是从此定义位置往后一直到程序结束
int main()
{
    int max(int a,int b);
    int a=8;
    printf("max=%d\n",max(a,b));        //a 为局部变量，值是 8；b 为全局变量，值是 5
    return 0;
}
int max(int a,int b)                //调用时，传递进来数据 8 和 5
{
    int c;                //a、b、c 是局部变量，只在 max 函数内有效
    c=a>b?a:b;            //此处的 a 是局部变量，值是 8；b 是局部变量，值是 5
    return(c);            //返回值是 8
}
```

#### 2. 真题解析

【示例 7-13】有以下程序：

```
#include<stdio.h>
int a=1,b=2;                //全局变量 a、b
void fun1(int a,int b)        //局部变量 a、b
{
    printf("%d%d",a,b);    //局部变量 a、b
}
```

```
void fun2()
{                              //全局变量 a、b
    a=3;
    b=4;
}
main()
{ fun1(5,6);
    fun2();
    printf("%d%d\n",a,b);      //全局变量 a、b
}
```

程序运行后的输出结果是（　　）。（二级考试真题 2016.3）

　　A．1 2 5 6　　　　B．5 6 3 4　　　　C．5 6 1 2　　　　D．3 4 5 6

正确答案：B

### （二）变量的存储类别

变量的存储类型分为静态存储和动态存储，表示变量的生存期。静态存储是程序整个运行期间都存在，而动态存储则是在调用函数时临时分配单元。

在 C 语言中，对变量的存储类型说明有以下四种：

（1）auto：自动变量；

（2）register：寄存器变量；

（3）extern：外部变量；

（4）static：静态变量。

自动变量和寄存器变量属于动态存储方式，外部变量和静态变量属于静态存储方式。其中，重点内容为静态变量 static 类型。根据定义的位置可以分为静态局部变量和静态全局变量。

### 1．静态局部变量

静态局部变量指的是在函数体内定义的 static 类型变量。这种变量兼具"静态"和"局部"两种特性。即：生存期为整个源程序执行期间，作用域仅在定义它的函数内部。

【示例 7-14】有以下程序：

```
#include<stdio.h>
void func(int n)
{
    static int num=1;
    num=num+n;
    printf("%d",num);
}
main()
{
    func(3);
    func(4);
    printf("\n");
```

```
}
```

程序运行后的输出结果是（　　）。（二级考试真题 2016.9）

　　A．4 8　　　　B．3 4　　　　C．3 5　　　　D．4 5

正确答案：A

程序分析：变量 num 虽然是局部变量，但因其是 static 类型，所以当函数调用结束时，num 的空间并不释放，而是一直存在，直到 main() 函数执行结束。程序从 main() 开始执行，调用 fun(3)，进入被调函数开始执行，num 值变为 4 并输出（此时，形参 n 被释放，num 依然存在），然后返回主调函数，继续执行 fun(4)，程序转向被调函数开始执行，形参 n 值为 4，num=num+n，此时 n 值为 4，num 的值为当前的 num 值 4，做加法后 num 的值变为 8。

### 2．静态全局变量

静态全局变量指的是在函数体外面定义的 static 类型变量。这种变量兼具"静态"和"全局"两种特性。即：生存期为整个源程序执行期间，作用域从定义的位置开始一直到整个程序结束。

## 7.5　实例

编写 4 个子函数分别求两个整数的和、差、积、商。主函数要求：输入+、-、*、/任意一个运算符和两个整数（比如，输入 2+5 回车），计算出正确的结果。

### （一）问题分析

本题共需设计 5 个函数，在 main 中调用其他 4 个，可以考虑将其他 4 个函数放在 main 之前定义。根据定义，函数需要的 4 个要素为：求和函数返回值类型为 int；名字取 add；参数有两个都为 int 类型；执行语句为加法运算并返回结果。因此设计求和函数 add 如下：

```
int add(int x,int y)
{
  return(x+y);
}
```

其他 3 个子函数设计方法类似。

### （二）完整程序

```
#include <stdio.h>
int add(int x,int y)    //两个数之和
{
  return(x+y);
}
int sub(int x,int y)    //两个数之差
{
  return(x-y);
}
intmul(int x,int y)    //两个数之积
{
  return(x*y);
}
```

```
    }
    int div(int x,int y)    //两个数之商
    {
      return(x/y);
    }
    int main()   //主函数
    {
        int a,b,c;
        char ch;
        while(1)                //可以多次输入，输入 N 或 n 结束
        {
            printf("input your expression(like 2+5): ");
            scanf("%d%c%d",&a,&ch,&b);
            switch(ch)
            {
              case'+':c=add(a,b);break;
              case'-':c=sub(a,b);break;
              case'*':c=mul(a,b);break;
              case'/':c=div(a,b);break;
              default: printf("error!\n");
            }
            printf("%d%c%d=%d\n",a,ch,b,c);
            printf("continue?(Y/N): ");
            getchar();
            ch=getchar();
            if(ch=='N'||ch=='n') break;
        }
      return 0;
    }
```

# 【重点难点分析】

　　本章的重点内容包括函数的返回值类型，参数的类型，以及调用函数时的形式；函数间的数据传递方式；形参实参结合规则；变量的作用域和存储类别。难点是实参和形参之间传数值和传地址的差别；函数的嵌套调用和函数的递归调用；变量的存储类别。

　　理解模块化程序设计方法，对函数的使用熟练之后，就能体会到函数的运用会给编程带来极大的便利，使得程序易于调试和维护。

# 【部分课后习题解析】

　　1. 定义、递归调用　　2. 单向值传递、首地址　　3. 全局变量、局部变量

```
        printf("ave=%.2f,min=%.2f,max=%.2f\n",ave,min,max);
    }
```

11. 参考程序：

```
#include<stdio.h>
int sushu(int n)
{
    int i,a,b,c;
    a=n%10;
    b=n/10%10;
    c=n/100;
    for(i=2;i<=n-1;i++)
            if(n%i==0) break;
            if(i==n&&((a+b)%10==c))   return 1;
            else return 0;
}
int sum(int n)
{
    int i,s=0;
    while(n)
    {
            s=s+n%10;
            n=n/10;
    }
    return s;
}
int main()
{
    int i;
    for(i=100;i<=1000;i++)
            if(sushu(i)==1)
                    printf("%d   %d\n",i,sum(i));
    return 0;
}
```

12. 参考程序：

```
void fanxu(char a[])
{
  int n,m,i;
  char ch;
  for(n=0;a[n]!='\0';n++);
    for(i=0,m=n/2-1;i<=m;i++)
```

```
{ch=a[i];a[i]=a[n-1-i];a[n-1-i]=ch;}
}
```

13. 参考程序：

```
#include<stdio.h>
#include<string.h>
int zm=0,sz=0,kg=0,qt=0;        //提示：将存放字符个数的变量定义成全局变量
void tongji(char a[])
{
    int i=0;
    char c;
    while((c=a[i])!='\0')
    {
        if(c>='a'&&c<='z'||c>='A'&&c<='Z') zm++;
        else if(c>='0'&&c<='9') sz++;
        else if(c==' ') kg++;
        else qt++;
        i++;
    }
}
int main()
{
    char a[80];
    gets(a);
    tongji(a);
    printf("zimu:%d;shuzi:%d;kongge:%d;qita:%d\n",zm,sz,kg,qt);
    return 0;
}
```

14. （略）

15. 【提示】n 值由主函数输入，利用递归函数调用完成程序。

参考程序：

```
#include<stdio.h>
int age(int n)
{
    int a;
    if(n==1) a=10;
    else    a=age(n-1)+2;
    return a;
}
int main()
{
```

```
    int n;
    scanf("%d",&n);
    printf("第%d 个同学%d 岁",n,age(n));
    return 0;
}
```

# 【练习题】

## 一、填空题

1. C 语言规定，可执行程序的开始执行点是_____。

2. 在 C 语言中，一个函数由_____和_____两部分组成，而后者一般包括声明部分和执行部分。

3. 函数的递归调用不过是一个函数_____或_____地调用它自身。

4. 函数调用时，参数的传递方向是由_____到_____。

5. 数组元素作函数参数时，是_____传递，数组名作函数参数时，是_____传递。

## 二、选择题

1. 函数的形式参数隐含的存储类型说明是（    ）。

    A．extern        B．static        C．register        D．auto

2. 若用数组名作为函数的实参，传递给形参的是（    ）。

    A．数组的首地址            B．数组第一个元素的值

    C．数组中全部元素的值        D．数组元素的个数

3. 以下对 C 语言函数的描述中，正确的是（    ）。

    A．C 程序必须由一个或一个以上的函数组成

    B．C 函数既可以嵌套定义又可以递归调用

    C．函数必须有返回值，否则不能使用函数

    D．C 程序中有调用关系的所有函数必须放在同一个程序文件中

4. 以下错误的描述是：函数调用可以（    ）。

    A．出现在执行语句中        B．出现在一个表达式中

    C．作为一个函数的实参        D．作为一个函数的形参

5. 在调用函数时，如果实参是简单变量，它与对应形参之间的数据传递方式是（    ）。

    A．地址传递                 B．单向值传递

    C．由实参传给形参，再由形参传回实参        D．传递方式由用户指定

6. 关于建立函数的目的，以下正确的说法是（    ）。

    A．提高程序的执行效率        B．提高程序的可读性

    C．减少程序的篇幅            D．减少程序文件所占内存

7. 以下正确的说法是：在 C 语言中（    ）。

    A．实参和与其对应的形参各占用独立的存储单元

    B．实参和与其对应的形参共占用一个存储单元

    C．只有当实参和与其对应的形参同名时才共占用存储单元

    D．形参是虚拟的，不占用存储单元

8. 用户定义的函数不可以调用的函数是（    ）。

    A. 非整型返回值的            B. 本文件外的

    C. main 函数                 D. 本函数下面定义的

9. 以下正确的说法是（　　）。

    A. 用户若需调用标准库函数，调用前必须重新定义

    B. 用户可以重新定义标准库函数，若如此，该函数将失去原有含义

    C. 系统根本不允许用户重新定义标准库函数

    D. 用户若需调用标准库函数，调用前不必使用预编译命令将该函数所在文件包括到用户源文件中，系统自动去调

10. 下列说法不正确的是（　　）。

    A. 主函数 main 中定义的变量在整个文件或程序中有效

    B. 不同函数中可以使用相同名字的变量

    C. 形式参数是局部变量

    D. 在一个函数内部，可以在复合语句中定义变量，这些变量只在复合语句中有效

11. 下面程序的输出结果是（　　）。

```c
#include <stdio.h>
int global=100;
fun()
{
   int global=5;
   return ++global;
}
void main()
{
   printf("%d\n",fun());
}
```

    A. 100           B. 101          C. 5          D. 6

## 三、程序设计

1. 编写一个函数，判断 a 是否为素数。

2. 编写一个函数，用"冒泡法"对输入的 10 个字符按由小到大的顺序排序。

# 第8章 指 针

## 【知识框架图】

知识框架图如图 2-8-1 所示。

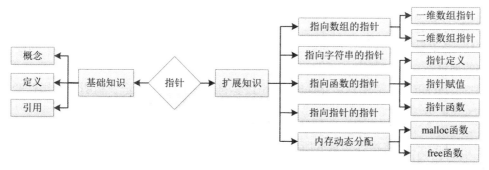

图 2-8-1　知识框架图

## 【知识点介绍】

### 8.1　地址和指针的概念

地址：C 语言编译系统为了管理内存，给内存中的每个字节设置一个编号，存储空间的编号就是地址。

指针：计算机内存单元都有地址编号，可以通过地址编号找到相应的内存单元，C 语言中把这个地址称为指针，即指针就是内存地址。

### 8.2　指针变量的定义和引用

#### （一）指针变量的定义

1．定义形式

[存储类型] 类型说明符　*变量名1[, *变量名2[, ……]];

2．说明

（1）存储类型：可以是一般数据类型，即整型、实型、字符型等，也可以是构造类型，如数组、结构、共用体等，还可以是指针。

（2）指针变量的命名符合标识符命名规则。

（3）指针变量定义时，变量名前有一个"*"，表示该变量是指针变量，即"*"是指针说明符。

（4）不同类型数据在内存中所占空间不同，所以指针变量只能指向与其相同类型的变量。

### （二）指针变量的引用

#### 1．取地址运算符

"&"是单目运算符，作用对象为变量，用来获得变量的地址，结果是一个地址值。可以把获得的地址赋值给同一种类型的指针变量。

如：    int a,*p;

　　　　p=&a;

取地址运算符"&"只能作用于变量，包括基本类型的变量、数组元素、结构变量等，不能作用于数组名、常量或寄存器变量等。C 语言中数组名是数组的首地址，是一个地址常量。

#### 2．取内容运算符

"*"是单目运算符，作用对象为指针变量，用来间接访问所指对象，即访问存入指针变量中的地址所对应的数据。

如：    int a,b,*p;    //注意：此处的*不是运算符，只是一个标记，指明 p 为指针变量

　　　　a=4;

　　　　p=&a;    //将变量 a 的地址赋值给指针变量 p

　　　　b=*p;    //将指针变量 p 所指的数据赋值给变量 b

#### 3．二者关系

"&"与"*"互为逆运算，因此同一种结果可有多种表示形式。

如：int a,*p;

　　　p=&a;

那么：a=5;

　　　　*p=5;

　　　　*(&a)=5;

三种操作的作用是相同的。

### （三）指针的运算

#### 1．移动指针

（1）指针加减整数。

指针变量加上一个整数 n 时表示它以运算数的地址值为基点，向前移动 n 个数据的地址；减去一个整数 n 时表示向后移动 n 个数据的地址。

（2）指针自增减。

- ++p 表示指针先向前移一个数据地址再引用。
- p++表示先使用指针再向前移一个数据地址。
- --p 表示指针先向后移一个数据地址再引用。
- p--表示先使用指针再向后移一个数据地址。

指针的自增减可与取内容运算符"*"配合使用，自增、自减、取内容运算符的结合性都是自右向左，可用括号改变运算顺序。

- *++p 和*(++p)表示指针先向前移动一个数据地址再获取指针变量指向的单元内容。
- *p++和*(p++)表示先获取指针指向的单元内容再将指针向前移动一个数据地址。
- (*p)++表示先获取指针指向的单元内容再将内容数据加 1。
- *--p 和*(--p)表示指针先后移一个数据地址，然后再获取指针变量指向的单元内容。

● *p--和*(p--)表示先获取指针变量指向的单元内容再后移一个数据地址。

● (*p)--表示先获取指针变量指向的单元内容再将内容数据减1。

**2．真题解析**

【示例8-1】有以下程序：（二级考试真题2016.3）

```
#include <stdio.h>
#include <stdlib.h>
int main()
{
    int *a,*b,*c;
    a=b=c=(int *)malloc(sizeof(int));
    *a=1;*b=2;*c=3; a=b;
    printf("%d,%d,%d\n",*a,*b,*c);
    return 0;
}
```

程序运行后的输出结果是（    ）。

    A．1,1,3            B．2,2,3            C．1,2,3            D．3,3,3

正确答案：D

程序分析：当程序执行到*a=1时，a、b、c的值为1；执行到*b=2时，a、b、c值为2；执行到*c=3时，a、b、c值为3。a、b、c指向同一地址空间，三次赋值都是对同一地址的值进行修改，所以，a、b、c指向的地址的值最后为3，所以结果是D。

## 8.3 数组和指针

### （一）一维数组指针

**1．指向一维数组的指针**

在如下的定义中：

int a[10];

int *p;

p=&a;

p为指向一维数组的指针。

**2．数组元素的引用**

（1）数组首地址的表示为：p、a、&a[0]。

（2）数组下标为i的元素地址表示为：&a[i]、a+i、p+i。

（3）数组下标为i的元素表示为：a[i]、*(a+i)、*(p+i)、p[i]。

（4）当同一类型的指针变量指向数组的首地址时，可以通过指针变量的加减运算引用数组元素，运用取内容运算符获取元素值。数组下标引用与指针引用的作用是相同的。

（5）对于数组元素，可以利用指针变量的自增、自减运算逐个访问。C语言规定，当指针变量p指向数组的某个元素时，p++表示指向数组的下一个元素，p--指向数组的上一个元素。

**3．真题解析**

【示例8-2】设有定义：double x[10],*p=x;，以下能给数组x下标为6的元素读入数据的

正确语句是（　　）。（二级考试真题 2011.3）

　　　　A．scanf("%f ",&x[6]);　　　　　B．scanf("%lf ",*(x+6));

　　　　C．scanf("%lf ",p+6);　　　　　D．scanf("%lf ",p[6]);

正确答案：C

程序分析：p 为指向数组 x 的指针，*p=x，p 指向数组的首地址。p+6 表示数组的第 6 个元素的地址，所以 C 正确。因为数组 x 为 double 类型，所以在输入时的格式符应该为"%lf"，因此 A 不对。B 和 D 选项中，后面的参数应该是表示地址的量。

### （二）二维数组指针

#### 1．二维数组

二维数组可以当作特殊的一维数组进行处理，二维数组名代表特殊的一维数组的首地址，也是一个指针常量。二维数组可看作是一维数组，数组的每一个成员又是一个一维数组，成员一维数组的第一个元素又可以看作是每行的首地址。

比如定义二维数组：int a[3][5];，则可以把它看成一个由 a[0]、a[1]、a[2]三个元素构成的一维数组 a，其中每一个元素 a[0]、a[1]、a[2]不是普通元素，而是一个由 5 个元素构成的一维数组，如图 2-8-2 所示。

图 2-8-2　二维数组示意图

（1）二维数组的首地址为：a、a[0]、&a[0][0]。

（2）二维数组第 i 行的首地址为：a[i]、*(a+i)。

（3）二维数组第 i 行第 j 列元素的地址为：&a[i][j]、a[i]+j、*(a+i)+j、a+i*h+j（h 表示每行元素个数）。

（4）二维数组第 i 行第 j 列元素：a[i][j]、*(a[i]+j)、*(*(a+i)+j)、*(a+i*h+j)（h 同上）。

#### 2．指针变量指向二维数组的某个元素

int a[3][4],*p;

p=a;　//或者 p=&a[0][0];

以上代码中定义了二维数组 a，同类型的指针变量 p，p=a（即 p 是指向二维数组的指针），那么：

二维数组第 i 行第 j 列元素的地址为：&a[i][j]、a[i]+j、p+i*4+j（4 是每行元素个数）。

二维数组第 i 行第 j 列元素表示为：a[i][j]、*(a[i]+j)、(*(a+i))[j]、*(*(a+i)+j)、*(p+i*4+j)（4 是每行元素个数）。

#### 3．指针变量指向二维数组行

（1）行指针的定义。

一般形式：类型说明符 (*指针变量名)[长度]

如　int (*p)[4];　//表示指针 p 指向的行具有 4 个元素

```
int a[2][3];
p=a;
```

此时 p 称为二维数组的行指针，指向二维数组中的一维数组（第一行）。

二维数组第 i 行第 j 列元素的地址为：&a[i][j]、a[i]+j、*(p+i)+j。

二维数组元素的第 i 行第 j 列元素表示为：a[i][j]、*(a[i]+j)、(*(a+i))[j]、*(*(a+i)+j)、p[i][j]、*(p[i]+j)、(*(p+i))[j]、*(*p+i)+j)。

（2）用行指针访问二维数组。

在定义了行指针以后，访问数组元素的主要等价形式见表 2-8-1。

表 2-8-1　用行指针访问二维数组元素地址及数据的各种等价形式

| 对象 | 数组元素 a[0][0] | | 数组元素 a[i][j] | |
|---|---|---|---|---|
| 访问方式 | 数组名 | 指针 | 数组名 | 指针 |
| 地址访问形式 | a<br>&a[0][0]<br>a[0]<br>&a[0] | p<br>&p[0][0]<br>p[0]<br>&p[0] | &a[i][j]<br>a[i]+j<br>*(a+i)+j | &p[i][j]<br>p[i]+j<br>*(p+i)+j |
| 数据访问形式 | a[0][0]<br>*(a[0])<br>**a<br>(*a)[0] | p[0][0]<br>*(p[0])<br>**p<br>(*p)[0] | a[i][j]<br>*(a[i]+j)<br>*((*a+i)+j)<br>(*(a+i))[j] | p[i][j]<br>*(p[i]+j)<br>*((*p+i)+j)<br>(*(p+i))[j] |

### （三）指针数组

**1．定义**

若一个数组的元素值为指针，则该数组是指针数组。指针数组是一组有序的指针的集合。指针数组的所有元素都必须是具有相同存储类型和指向相同数据类型的指针变量。

**2．一般形式**

类型说明符 *数组名[数组长度]

如：int *pa[3];

表示 pa 是一个指针数组，它由 3 个数组元素组成，每个元素值都是一个指针，指向整型变量。"[]"的优先级要比"*"高，因此 pa 先与[3]结合，形成 pa[3]的形式，这显然是数组形式，然后再与"*"结合，表示此数组是指针类型的。

**3．示例解析**

【示例 8-3】分析程序的运行情况。

```
#include <stdio.h>
int main()
{
    int a[3][3]={1,2,3,4,5,6,7,8,9};
    int *pa[3]={a[0],a[1],a[2]};        //指针数组 pa 里面存放二维数组 a 每行的首地址
    int i,j;
    for(i=0;i<3;i++)
```

```
    {
       for(j=0;j<3;j++)
           printf("%d\t", *(pa[i]+j));   //*(pa[i]+j)表示每一个数组元素
       printf("\n");
    }
    return 0;
}
```

该程序运行结果如图 2-8-3 所示。

图 2-8-3　示例 8-3 运行结果

### 4．区分

int (*p)[3];：表示一个指向二维数组的行指针变量。该二维数组的列数为 3 或每行数组元素个数为 3。

int *p[3];：表示 p 是一个指针数组，3 个下标变量 p[0]、p[1]、p[2]均为指针变量。

### （四）指向数组的指针作函数参数

#### 1．数组作实参的几种情况分析

如果有一个实参数组，想在函数中改变此数组的元素的值，实参与形参的对应关系有以下 4 种：

（1）形参和实参都是数组名。

```
int main()
{
 int a[10];
  …
  f(a,10);
  …
}
void f(int x[ ],int n)
{
 …
}
```

（2）实参用数组名，形参用指针变量。

```
int main()
{
 int a[10];
  …
  f(a,10);
  …
```

```
}
void f(int *x,int n)
{
    …
}
```

（3）实参、形参都用指针变量。

```
int main()
{
 int a[10],*p=a;
  …
  f(p,10);
  …
}
void f(int *x,int n)
{
    …
}
```

（4）实参为指针变量，形参为数组名。

```
int main()
{
 int a[10],*p=a;
  …
  f(p,10);
  …
}
void f(int x[ ],int n)
{
    …
}
```

## 2．例题解析

【例 8.15】对例 8.14 作一些改动，将函数 inv()中的形参 x 改成指针变量。

算法分析：设两个指针变量 i、j，开始时 i 指向数组头，j 指向数组尾，将两个元素对换，并使 i 指向数组的第二个位置，j 指向 n–1 位置，再次对换，并修改指针的指向，直到 i=(n–1)/2 为止。过程见课本图 8-6。

程序实现如下：

```
#include<stdio.h>
void inv(int *x,int n)              //形参 x 为指针变量
{
    int *p,temp,*i,*j,m=(n-1)/2;
    i=x;j=x+n-1;p=x+m;             //i 指向数组 x 头，j 指向数组尾，p 指向中间位置
```

```
        for(;i<=p;i++,j--)              //循环交换 i 和 j 指向的数组元素
        {
            temp=*i;
            *i=*j;
            *j=temp;
        }
        return;
    }
int main()
{
    int i,a[10]={3,7,9,11,0,6,7,5,4,2};
    printf("The original array:\n");
    for(i=0;i<10;i++)
        printf("%d,",a[i]);
    printf("\n");
    inv(a,10);
    printf("The array has benn inverted:\n");
    for(i=0;i<10;i++)
        printf("%d,",a[i]);
    printf("\n");
    return 0;
}
```

本题是使指针指向数组元素，通过对指针的操作实现对数组元素的操作。在绝大多数情况下，指针与数组相比，没有效率上的优势，有时反而更慢。指针的真正优势是灵活、好用。

## 8.4　字符串和指针

### （一）用指针处理有名字符串

#### 1．有名字符串

如果将一个字符串放在字符型数组中，这个字符串就是有名字符串，其名字就是数组名。有名字符串被分配在一片连续的存储单元中，以数组名作为这片存储空间的首地址。

#### 2．处理方法

定义指针让其指向字符型数组，通过对指针的操作来完成对字符串的操作。如课本例 8.28。

```
#include <stdio.h>
int main()
{
    char s[20],t[]="I am a student";
    char *s1=s,*t1=t;
    while(*s1++=*t1++)
        ;              //此处循环体为空语句
    printf("%s",s);
```

```
        printf("%s\n",t);
        return 0;
}
```

### （二）用指针处理无名字符串

#### 1．无名字符串

当程序中出现字符串常量时，C 编译系统将其安排在内存的常量存储区。虽然字符串常量也占用一片连续的存储空间，也有自己的首地址，但是这个首地址没有名字，也就无法在程序中对其加以控制和改变，故称之为无名字符串。

#### 2．处理方法

定义一个字符型指针，并且用字符串常量对其进行初始化，或者用字符串常量直接对其赋值，那么该指针就存放了无名字符串的首地址，即该指针指向无名字符串。

比如：char *string="I love China!";

#### 3．用指针处理无名字符串应注意的几个问题

（1）无论通过初始化还是赋值方式使指针指向某个无名字符串时，指针中存放的只是字符串的首地址而不是该字符串。

（2）字符型指针处理无名字符串时，由于每个无名字符串都占用各自的存储区，即使两个字符串完全相同，它们的地址也不一样，因此当一个指针多次赋值后，该指针将指向最后赋值的字符串，原先存放的字符串就不能再用该指针变量继续访问。

（3）单独使用指针只能处理字符串常量，不能通过输入的方式处理任意字符串。

### （三）使用字符串指针变量与字符数组的区别

#### 1．区别

字符串本身是存放在从该首地址开始的一片连续的内存空间中的，它以'\0'作为字符串的结束。而字符串指针变量本身是一个变量，用于存放字符串的首地址。字符数组是由若干个数组元素组成的，它可用来存放整个字符串。

指针可以整体赋值，而数组只能在定义时整体赋初值，不能在赋值语句中整体赋值，只能各元素逐一赋值。

如果定义了一个字符型数组，在编译时为其分配存储单元，那么它就有确定的地址。而定义一个字符型指针变量时，给指针变量分配存储单元，可以存放一个字符变量的地址或字符串的首地址，即该指针变量可以指向一个字符型数据或者字符串，但若未对该存储单元赋值（地址值），则它并未具体指向一个确定的字符型数据或字符串。

#### 2．例题解析

【例 8.34】在输入的字符串中查找有无字符 k。

算法分析：依次比较字符串的各个字符，如有 k 则查找成功，如无则返回无 k。

```
#include <stdio.h>
int main()
{
    char st[20],*ps;                //定义数组 st 和指针 ps
    int i;                          //计数器 i
    printf("input a string:\n");
```

```
      ps=st;                                //ps 指向数组 st
      scanf("%s",ps);
      for(i=0;ps[i]!='\0';i++)              //依次比较数组中各个字符是否为 k
        if(ps[i]=='k')
          {
            printf("there is a 'k' in the string\n");
            break;
          }
        if(ps[i]=='\0')
          printf("there is no 'k' in the string\n");
        return 0;
}
```

**（四）真题解析**

【示例 8-3】下列语句中，正确的是（　　）。（二级考试真题 2016.3）

　　A．char *ss＝"Olympic";　　　　　B．char s[7]; s＝"Olympic";

　　C．char *s;s＝{"Olympic"};　　　　D．char s[7]; s＝{"Olympic"};

正确答案：A

程序分析：字符串赋值时，指针可以整体赋值，而数组只能在定义时整体赋初值，不能在赋值语句中整体赋值，只能各元素逐一赋值，所以只有 A 选项正确。

## 8.5　指针与函数

### （一）函数指针变量

**1．定义**

格式：数据类型（*指针变量名）（函数参数列表）

如：　int (*a)(int,int);

　　　float (*b)( );

其中，数据类型表示的是指针所指函数返回值的类型，定义的函数指针变量的类型必须与指针函数的返回值类型一致，否则不能指向该函数。

与指向数组的指针类似，定义的是指向函数的指针，因此，"* 指针变量名"必须用括号括起来，"()"的优先级高于"*"。

"( 函数参数列表 )"与指针所指函数一致，函数参数的个数或者有无参数列表与指针变量所指函数有关。

"* 指针变量名"相当于代替了函数名，二者是等价的，在程序中可以使用指针变量调用函数，也可使用函数名调用函数。

**2．函数指针赋值**

（1）定义函数指针的同时为其赋值。

数据类型　函数声明,(*指针变量名)( )=函数名;

如：float sum(float,float),(*p)( )=sum;

（2）函数指针先定义再赋值。

如：float sum(float,float),(*p)(float,float);

　　　p=sum;

赋值给函数指针变量的值只能是某个已经定义好的函数名，其返回值类型要和指针变量的数据类型一致。

函数指针与数据指针不能互相赋值。

### 3．用函数指针调用函数

调用函数的一般形式为：

(*指针变量名)(实参表)；

如：float sum(float,float),(*p)(float,float);

　　　p=sum;

　　　z=(*p)(x,y);　　//此处用函数指针进行了函数调用

### 4．注意事项

（1）函数的调用可以通过函数名调用，也可以通过函数指针调用。

（2）函数指针变量不能进行算术运算，这是与数组指针变量不同的。数组指针变量加减一个整数可使指针移动指向后面或前面的数组元素，而函数指针的移动，如 p++、p+n、p-- 等运算是无意义的。

（3）函数调用中"(*指针变量名)"两边的括号不可少，其中的"*"不应该理解为求值运算，在此处它只是一种表示符号。

## （二）指针型函数

### 1．指针型函数的定义

函数的返回值为指针类型的函数为指针型函数。

### 2．一般形式

类型说明符 *函数名(形参表)

{

　　　　……　　　　　　　/*函数体*/

}

此时，函数名首先与括号"()"结合构成函数，然后再与"*"结合，标示函数为指针类型。函数的返回值是地址。

### 3．例题解析

【例8.42】输入一个 1~7 之间的整数，输出对应的星期名。

题目分析：本题可定义一个静态指针数组 name 并初始化赋值为 8 个字符串，分别表示各个星期名及出错提示信息。形参 n 表示与星期名所对应的整数。在主函数中，把输入的整数 i 作为实参，在 printf 语句中调用 day_name 函数并把 i 值传送给形参 n。day_name 函数中的 return 语句包含一个条件表达式，n 值若大于 7 或小于 1，则把 name[0]指针返回主函数，输出出错提示字符串"Illegal day"，否则返回主函数输出对应的星期名。

```
#include <stdio.h>
#include <stdlib.h>
char *day_name(int n)
{
    static char *name[]={"Illegal day",            //定义静态指针数组
```

```
                    "Monday",
                    "Tuesday",
                    "Wednesday",
                    "Thursday",
                    "Friday",
                    "Saturday",
                    "Sunday"
                    };
        return((n<1||n>7) ? name[0]: name[n]);
    }
int main()
{
    int i;
    char *day_name(int n);      //day_name 为指针型函数
    printf("input Day No:\n");
    scanf("%d",&i);
    if(i<0)
        exit(1);
    printf("Day No:%2d-->%s\n",i,day_name(i));
    return 0;
}
```

**4．函数指针和指针型函数的区别**

int (*p)( )：是一个函数指针变量，本身是一个指向函数的指针，(*p)两边的括号不可省。

int *p( )：是一个指针型函数，本身是一个函数，返回值是指针。

## 8.6　指向指针的指针

**1．定义**

如果一个指针变量存放的又是另一个指针变量的地址，则称这个指针变量为指向指针的指针变量，也称为"二级指针"。

**2．格式**

数据类型 **指针变量名；

如：float **p;

其中，"**"是二级指针的说明标志，指针变量名就是所定义的二级指针变量。

**3．使用**

二级指针指向的是指针变量的地址，不能直接指向数据对象，因此二级指针必须与一级指针配合使用。二级指针与指针数组配合使用可以用于处理二维数组。

如：int a[2][3];

int *p[2],**pp;

p[0]=a[0];   //指针数组的第一个元素，即指向数组 a 的第一行

p[1]=a[1];   //指针数组的第二个元素，即指向数组 a 的第二行

　　pp=p;　　　　//二级指针指向指针数组的首地址

那么：

　　数组 a 第 i 行的首地址可表示为：a[i]、p[i]、*(pp+i)。

　　数组 a 第 i 行第 j 列元素的地址可表示为：&a[i][j]、a[i]+j、p[i]+j、*(pp+i)+j。

　　数组 a 第 i 行第 j 列元素的值可表示为：a[i][j]、*(a[i]+j)、*(p[i]+j)、*(*(pp+i)+j)。

## 8.7　用指针进行动态内存分配

### （一）内存申请函数 malloc

1．函数原型

void *malloc(size_t number_of_bytes);

　　其中,number_of_bytes 是申请的字节数( size_t 在 stdlib.h 中的定义一般是 unsigned int )。函数 malloc()返回 void 型指针，表示可以赋给各类指针，具体到特定问题的使用时，可以通过强制类型转换将该地址转换成某种数据类型的地址。成功的 malloc()调用返回指针，指向由堆中分得的内存区的第一个字节。当堆中内存不够时调用失败，返回 NULL 或 0。

2．使用

申请 500 个 float 型数据的动态内存，可以使用以下代码段来实现：

float *p;

p=(float *)malloc(500*sizeof(float));

if(p==NULL)　　　　　/*申请失败*/

　　exit(1);

　　如果申请成功，可以得到供 500 个实型数据分配的动态内存的起始地址，并把此起始地址赋给指针变量 p，利用该指针就可以对该区域里的数据进行操作或运算。若申请不成功，则退出程序，返回操作系统。

3．说明

　　因为堆的空间是有限的，所以分配内存后都必须检查 malloc()的返回值，确保指针使用前它是非 NULL（空指针）。因为空指针常常会造成程序瘫痪。代码实现：

p=malloc(100);

if(!p)

{

　　printf("Out of memory!\n");

　　exit(1);

}

### （二）释放内存函数 free

1．函数原型

void free(void *p);

　　其中，p 是指向先前使用 malloc()分配的内存的指针。由于函数没有返回值，故定义为 void 型。这里要注意的是：绝对不能用无效指针调用 free()函数，否则将破坏自由表。

2．例题分析

【例 8.46】编写程序利用动态内存分配存放 n 个整数的一维数组，n 的值在程序运行过程中指定，然后从键盘输入任意 n 个整数存入该数组中，并计算其各个元素的平方和。

算法分析：先用 scanf()函数输入 n 的值，然后用 calloc()函数申请能存放 n 个 int 型数据的动态内存。若申请成功，就得到动态内存的首地址，并将该地址赋给指针变量 p，通过移动指针存入 n 个整数，再通过移动指针取出各数并计算它们的平方和。

```c
#include <stdlib.h>
#include <stdio.h>
int main()
{
    int n,s,i,*p;
    printf("Enter the demension of array: ");
    scanf("%d",&n);                              //输入 n 值
    if((p=(int *)calloc(n,sizeof(int)))==NULL)   //判断是否申请空间成功，若不成功则提
                                                 //示分配不成功
    {
        printf("Not able to allocate memory.\n");
        exit(1);
    }
    printf("Enter %d values of array:\n",n);
    for(i=0;i<n;i++)              //输入数值
        scanf("%d",p+i);
    s=0;
    for(i=0;i<n;i++)
        s=s+*(p+i)*(*(p+i));     //计算平方
    printf("%d\n",s);
    free(p);                     //释放指针
    return 0;
}
```

# 【重点难点分析】

本章需掌握指针、地址、指针类型、空指针（NULL）等概念；掌握指针变量的定义和初始化、指针的间接访问、指针的加减运算、指针变量比较运算和指针表达式；掌握指针与数组、函数、字符串等的联系。初学指针时指针的指向位置易搞错，建议大家多练习，可通过手动画内存表示的方式帮助理解指针的指向。

# 【部分课后习题解析】

1. P、地址
2. char *p=&ch;、*p='a';
3. p[3]、*(a+3)、*(p+3)
4. A     5. C

6. 参考程序如下：

```c
#include <stdio.h>
void swap(int *a, int *b);    //交换两个数
int main()
{
    int str[10];
    int i,j;
    //初始化数组
    for(i=0;i<10;i++)
        scanf("%d",&str[i]);
    //排序，从 a[0]开始排，从小到大
    for(i=0;i<10;i++)
        for (j=i+1;j<10;j++)
            if(str[i]>str[j])
                swap(&str[i], &str[j]);
    //将十个数输出
    for(i=0;i<10;i++)
        printf("%d\n",str[i]);
    return 0;
}
void swap(int *a, int *b)
{
    int c;
    c=*a;
    *a=*b;
    *b=c;
}
```

7. 参考程序：

```c
#include <stdio.h>
void swap(int *pa,int *pb)
{
    int temp;
    temp=*pa;
    *pa=*pb;
    *pb=temp;
}
int main()
{
    int a,b,c,temp;
    scanf("%d %d %d",&a,&b,&c);
```

```
    if(a<b)
        swap(&a,&b);
    if(a<c)
        swap(&a,&c);
    if(b<c)
        swap(&b,&c);
    printf("%d,%d,%d",a,b,c);
}
```

9. 参考程序：

```c
#include<stdio.h>
#define N 10
int main()
{
    int a[N],i,tmp;
    int *p,*pMax,*pMin;
    p=pMax=pMin=a;
    for(i=0;i<N;i++)
        scanf("%d",&a[i]);
    for(i=0;i<N;i++,p++)
    {
        if(*p>*pMax)
        {
            pMax=p;
        }
        if(*p<*pMin)
        {
            pMin=p;
        }
    }
    //将最大数与第一个数交换
    tmp=a[0];
    a[0]=*pMax;
    *pMax=tmp;
    //将最小数与最后一个数交换
    tmp=a[9];
    a[9]=*pMin;
    *pMin=tmp;
    //输出数组元素
    for(i=0;i<N;i++)
        printf("%d ",a[i]);
```

```
    printf("\n");
    return 0;
}
```

10. 参考程序:

```
#include<stdio.h>
int longs(char *s)
{
  int i,n=0;
  for(i=0;*(s+i)!='\0';i++)
    n++;
  return(n);
}
int main()
{
  char *s;
  char c[20];
  s=c;
  printf("请输入字符串:");
  gets(c);
  printf("字符串长度为%d\n",longs(s));
}
```

11. 参考程序:

```
#include <stdio.h>
int main()
{
    char s[200],*p=s;
    gets(s);
    for(;*p;p++);
      for(p--;p>=s;p--)
      putchar(*p);
    return 0;
}
```

12. 参考程序:

```
#include<stdio.h>
int main()
{
  int Ii =0,Itemp;
  int array_a[5]={1,2,3,4,5};
  int array_b[5]={6,7,8,9,0};
  int *a,*b;
```

```
   a=array_a;
   b=array_b;
   while(Ii<5)
    {
     Itemp=*(a+Ii);
     *(a+Ii)=*(b+Ii);
     *(b+Ii)=Itemp;
     Ii++;
    }
     Ii=0;
   while(Ii<5)    //输出交换后的 a
    {
     printf("%d\t",array_a[Ii]);
     Ii++;
    }
   printf("\n");
   Ii=0;
   while(Ii<5)    //输出交换过的 b
    {
     printf("%d\t",array_b[Ii]);
     Ii++;
    }
   }
```

13. 参考程序:

```
#include<stdio.h>
int main()
 {
   char a[80];
   char b[80]="abc";
   int n,m,i;
   gets(a);
   n=strlen(a);
   printf("input m,m<=%d\n",n);
   scanf("%d",&m);
   for(i=m-1;i<=n;i++)
      *(b+i-m+1)=*(a+i);
   printf("%s\n",b);
   return 0;
 }
```

14. 参考程序:

```c
#include<stdio.h>
int main()
{
    int upper=0;
    int lower=0;
    int digit=0;
    int space=0;
    int other=0;
    int i=0;
    char *p;
    char s[20];
    printf("input string:");
    while((s[i]=getchar())!='\n')
        i++;
    p=&s[0];
    while(*p!='\n')
    {
        if(('A'<=*p)&&(*p<='Z'))
            ++upper;
        else if(('a'<=*p)&&(*p<='z'))
            ++lower;
        else if(*p==' ')
            ++space;
        else if((*p<='9')&&(*p>='0'))
            ++digit;
        else
            ++other;
        p++;
    }
    printf("upper case:%d    lower case:%d",upper,lower);
    printf("    space:%d    digit:%d    other:%d\n",space,digit,other);
    return 0;
}  .
```

15. 参考程序：

```c
#include<stdio.h>
int strcmp(char *p1,char *p2)
{
    while (*p1 && *p2)
    {
        if (*p1>*p2)
```

```
                return 1;
            else if(*p1<*p2)
                return –1;
            else
                {p1++; p2++;}
    }
    if (*p1==0 && *p2==0)
        return 0;
    else if (*p1==0)
        return –1;
    else
        return 1;
}
```

16. 参考程序：

```
#include <stdio.h>
int main()
{
    int i,j,a[3][6],max,min,(*p)[6],l,k,m,n;
    printf("enter the grade.\n");
    p=a;
    for(i=0;i<3;i++)
     for(j=0;j<6;j++)
       scanf("%d",*(p+i)+j);
    max=min=a[0][0];
    for(i=0;i<3;i++)
        for(j=0;j<6;j++)
        {
            if(max<=(*(*(p+i)+j)))
            {
                max=*(*(p+i)+j);
                l=i;
                k=j;
            }
            if((*(*(p+i)+j))<=min)
            {
                min=*(*(p+i)+j);
                m=i;
                n=j;
            }
        }
```

```
        printf("a[%d][%d]=max=%d a[%d][%d]=min=%d\n",l,k,max,m,n,min);
        return 0;
    }
```

17. 【提示】可定义一个指针数组，数组的每个元素指向一个月份的字符串，如数组 1 位置的指针指向字符串 february（2 月），即每个指针指向相应月份的英文字符串。根据输入的月份输出相应位置的指针指向的字符串。

18. 参考程序：

```c
#include <stdio.h>
struct student
{
        char cord[10];
        double cj[5];
        double av;
        int jg;
};
double input(struct student *st);
void jg2(struct student *st);
void gf(struct student *st);
double input(struct student *st)
{
    int i,j;
    double s,s1;
    s1=0;
    for(i=0;i<4;i++)
    {
        s=0;
        printf("输入第%d 名学生的学号和 5 门成绩:",i+1);
        scanf("%s",st[i].cord);
        for(j=0;j<5;j++)
        {
            scanf("%lf",&st[i].cj[j]);
            s+=st[i].cj[j];
            if(j==0)
                s1+=st[i].cj[j];
        }
        st[i].av=s/5;
    }
    printf("\n\n");
    return s1;
}
```

```c
void jg2(struct student *st)
{
    int i,j,k;
    for(i=0;i<4;i++)
    {
        st[i].jg=0;
        for(j=0;j<5;j++)
        {
            if(st[i].cj[j]>=60)
                st[i].jg+=1;
        }
        if(st[i].jg<3)
        {
            printf("%10s: ",st[i].cord);
            for(k=0;k<5;k++)
            {
                printf("%3.0lf ",st[i].cj[k]);
            }
            printf("%3.2lf\n",st[i].av);
        }
    }
    printf("\n\n");
}
void gf(struct student *st)
{
    int i,j,k,m;
    for(i=0;i<4;i++)
    {
        if(st[i].av>=90)
        {
            m=0;
        }
        else
        {
            for(j=0;j<5;j++)
            {
                if(st[i].cj[j]<85)
                {
                    m=1;
                    break;
```

```
                    }
                    else
                    {
                        m=0;
                    }
                }
            }
            if(m==0)
            {
                printf("%10s: ",st[i].cord);
                for(k=0;k<5;k++)
                {
                    printf("%3.0lf ",st[i].cj[k]);
                }
                printf("%3.2lf\n",st[i].av);
            }

        }
        if(m==1) printf("no such students\n");
        printf("\n\n");
}
int main()
{
    double av1;
    struct student st1[4];
    av1=input(st1)/4;
    printf("第一门课的平均分:%lf\n\n",av1);
    printf("两门不及格:\n");
    jg2(st1);
    printf("平均成绩在 90 分以上或全部成绩在 85 分以上的学生:\n");
    gf(st1);
    return 0;
}
```

19. 【提示】可定义两个指针 i、j，初始时都指向字符串第一个字符。i 依次指向字符串的各个字符并和 j 比较，若比 j 小则继续后移；若比 j 大则让 j 指向 i 所在位置，i 后移，直到将字符串中所有字符比较完毕。此时 j 指向的就是字符串中的最大元素。将 j 后的所有字符串元素后移，并在 j 后插入 str2。

20. 参考程序：

```
#include<stdio.h>
void sum_row(double (*p)[3],int row,double *q)
{
```

```
        int i,j;
        for(i=0;i<row;i++)
        {
            *(q+i)=0;
            for(j=0; j<3; j++)
                *(q+i)+=*(*(p+i)+j);
        }
    }
    int main()
    {
        double arr[][3]={{1.1,2.2,3.4},
                         {2.2,3.3,4.2},
                         {3.3,4.2,1.3}};
        double sum[3];
        int i;
        sum_row(arr, 3, sum);
        for(i=0; i<3; i++)
            printf("No.%2d:%.3lf\n", i+1, sum[i]);
        return 0;
    }
```

# 【练习题】

## 一、选择题

1. 若有说明：int a=1,*p=&a,*q=p;，则以下非法的赋值语句是（　　）。

   A. p=q;　　　　　　B. *p=*q;　　　　　　C. a=*q;　　　　　　D. q=a;

2. 若定义：int a=1,*b=&a;，则 printf("%d\n",*b);的输出结果为（　　）。

   A. 无确定值　　　　B. a 的地址　　　　C. 2　　　　　　　D. 1

3. 已有定义：int a=1, *p1=&a, *p2=&a;，下面不能正确执行的赋值语句是（　　）。

   A. a=*p1+*p2;　　B. p1=a;　　　　　C. p1=p2;　　　　　D. a=*p1*(*p2);

4. 变量的指针，其含义是指该变量的（　　）。

   A. 值　　　　　　　B. 地址　　　　　　C. 名　　　　　　　D. 一个标志

5. 若有语句：int *p, a=1; p=&a;，下面均代表地址的一组选项是（　　）。

   A. a,p,*&a　　　　　　　　　　　　B. &*a,&a,*p

   C. *&p,*p,&a　　　　　　　　　　　D. &a,&*p,p

6. 有如下语句：int m=1,n=2,*p,*q; p=&m;q=&n;，若要实现下图所示的存储结构，可选用的赋值语句是（　　）。

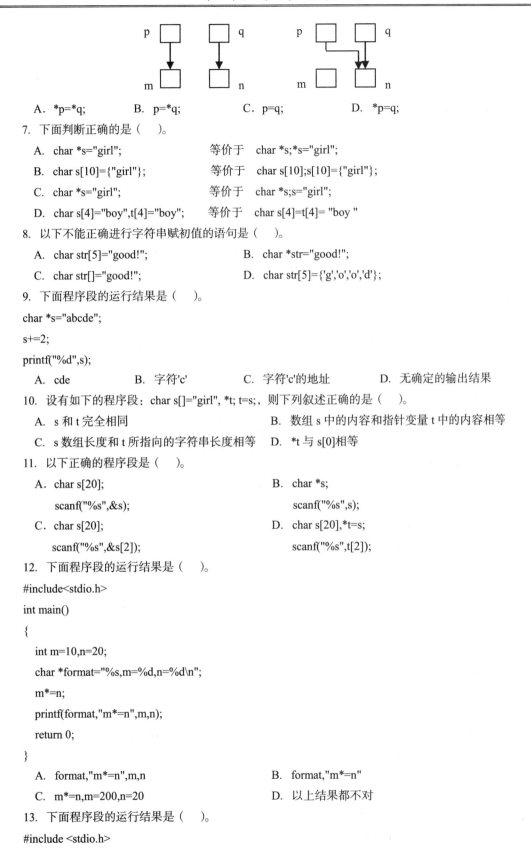

  A．*p=*q;　　　　　B．p=*q;　　　　　C．p=q;　　　　　D．*p=q;

7．下面判断正确的是（　　）。

  A．char *s="girl";　　　　　　　　等价于　　char *s;*s="girl";

  B．char s[10]={"girl"};　　　　　　等价于　　char s[10];s[10]={"girl"};

  C．char *s="girl";　　　　　　　　等价于　　char *s;s="girl";

  D．char s[4]="boy",t[4]="boy";　　等价于　　char s[4]=t[4]= "boy "

8．以下不能正确进行字符串赋初值的语句是（　　）。

  A．char str[5]="good!";　　　　　　　B．char *str="good!";

  C．char str[]="good!";　　　　　　　　D．char str[5]={'g','o','o','d'};

9．下面程序段的运行结果是（　　）。

```
char *s="abcde";
s+=2;
printf("%d",s);
```

  A．cde　　　　　　B．字符'c'　　　　　C．字符'c'的地址　　　　　D．无确定的输出结果

10．设有如下的程序段：char s[]="girl", *t; t=s;，则下列叙述正确的是（　　）。

  A．s 和 t 完全相同　　　　　　　　　　B．数组 s 中的内容和指针变量 t 中的内容相等

  C．s 数组长度和 t 所指向的字符串长度相等　　D．*t 与 s[0]相等

11．以下正确的程序段是（　　）。

  A．char s[20];　　　　　　　　　　　B．char *s;

   scanf("%s",&s);　　　　　　　　　　　scanf("%s",s);

  C．char s[20];　　　　　　　　　　　D．char s[20],*t=s;

   scanf("%s",&s[2]);　　　　　　　　　　scanf("%s",t[2]);

12．下面程序段的运行结果是（　　）。

```
#include<stdio.h>
int main()
{
    int m=10,n=20;
    char *format="%s,m=%d,n=%d\n";
    m*=n;
    printf(format,"m*=n",m,n);
    return 0;
}
```

  A．format,"m*=n",m,n　　　　　　　B．format,"m*=n"

  C．m*=n,m=200,n=20　　　　　　　　D．以上结果都不对

13．下面程序段的运行结果是（　　）。

```
#include <stdio.h>
```

```
int main()
{
  char s[]="example!",*t;
  t=s;
  while(*t!='p')
  {
      printf("%c",*t-32);
      t++;
  }
  return 0;
}
```

   A．EXAMPLE!     B．example!     C．EXAM     D．example!

14. 若有以下定义和语句：

int s[4][5], (*ps)[5];

ps=s;

则对 s 数组元素的正确引用形式是（    ）。

   A．ps+1         B．*(ps+3)     C．ps[0][2]     D．*(ps+1)+3

15. 不合法的 main 函数命令行参数表示形式是（    ）。

   A．main(int a,char *c[])         B．main(int argc,char *argv)

   C．main(int arc,char **arv)        D．main(int argv,char*argc[])

16. 若有说明语句：char s[]="it is a example.", *t="it is a example.";，则以下不正确的叙述是（    ）。

   A．s 表示的是第一个字符 i 的地址，s+1 表示的是第二个字符 t 的地址

   B．t 指向另外的字符串时，字符串的长度不受限制

   C．t 变量中存放的地址值可以改变

   D．s 中只能存放 16 个字符

17. 若已定义 char s[10];，则在下面表达式中不表示 s[1]地址的是（    ）。

   A．s+1         B．s++         C．&s[0]+1     D．&s[1]

18. 下面程序段的运行结果是（    ）。

```
#include <stdio.h>
main()
{
    char s[6]="abcd";
    printf("\"%s\"\n", s);
}
```

   A．"abcd"         B．"abcd "     C．\"abcd\"     D．编译出错

19. 下列程序的输出结果是（    ）。

```
#include <stdio.h>
main()
{
  int a[]={1,2,3,4,5,6,7,8,9,0},*p;
```

```
    p=a;
    printf("%d\n", *p+9);
}
```

A. 0          B. 1          C. 10          D. 9

20. 下面程序的功能是将字符串 s 的所有字符传送到字符串 t 中，要求每传递 3 个字符后再存放一个空格，例如字符串 s 为 "abcdefg"，则字符串 t 为 "abc def g"，请选择填空。

```
#include <stdio.h>
#include <string.h>
int main()
{
    int j,k=0;
    char s[60], t[100], *p;
    p=s;
    gets(p);
    while(*p)
    {
        for(j=1;j<=3&&*p;【1】)   t[k]=*p;
        if(【2】)
        {
            t[k]=' ';
            k++;
        }
    }
    t[k]='\0';
    puts(t);
    return 0;
}
```

【1】A. p++      B. p++,k++      C. p++,k++,j++      D. k++,j++

【2】A. j==4      B. *p=='\0'      C. !*p      D. j!=4

## 二、编程题

1. 编写一函数，实现两个字符串的比较。（自己写一个 strcmp 函数，函数原型为 strcmp(char *p1,char *p2)）

2. 编写程序：从键盘任意输入一个字符串，输出该字符串。然后，将该字符串逆序存放后再输出，要求用字符指针完成。

# 第 9 章　结构体与共用体

## 【知识框架图】

知识框架图如图 2-9-1 所示。

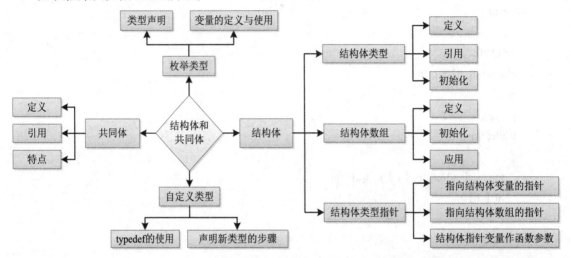

图 2-9-1　知识框架图

## 【知识点介绍】

## 9.1　概述

在实际问题的应用中，一组数据往往具有不同的数据类型。例如，在学生管理系统中，学号可定义为整型或字符型，姓名应为字符型，年龄应为整型，性别应为字符型，成绩可为整型或实型。为了解决这个问题，C 语言中给出了另一种构造型数据类型——"结构体"（Structure），它相当于其他高级语言中的记录（Recorder）。

结构体是一种构造数据类型，即先要定义结构体类型，然后定义其结构体变量。

### 1．一般形式

struct　结构体名

{

　　　　数据类型　成员名 1;

　　　　数据类型　成员名 2;

　　　　……

　　　　数据类型　成员名 n;

};

【注意】先声明结构体类型，然后再定义结构体变量。

## 2．成员的表示

结构体类型中的成员表示为：类型名　成员名

比如：学生数据

```
struct student
{
    int num;
    char name[20];
    char sex;
    int age;
    float score;
    char addr[30];
};
```

【注意】

（1）不要忽略最后的分号";"。

（2）结构体类型在内存中所占字节数为所有成员变量所占字节数的和。student 结构体类型占 63 个字节。

# 9.2　结构体变量的定义

## （一）定义方式

### 1．先定义结构体类型再定义结构体变量

例如：

```
struct student
{
    int num;
    char name[20];
    char sex;
    int age;
    float score;
    char addr[30];
};
struct student student1, student2;
```

### 2．在定义结构体类型的同时定义结构体变量

```
struct  结构体名
{
    成员表列
}变量名表列;
```

例如：

```
struct student
{
    int num;
```

```
        char name[20];
        char sex;
        int age;
        float score;
        char addr[30];
} student1, student2;
```

**3．直接定义结构体类型变量**

```
struct
{
        成员表列
}变量名表列;
```

此时，可以不给结构体类型命名。

**（二）真题解析**

【示例 9-1】设有定义：

```
struct
{
        char mark[12];
        int num1;
        double num2;
}t1,t2;
```

若变量均已正确赋初值，则以下语句中错误的是（　　）。（二级考试真题 2010.11 ）

　　A．t1=t2;　　B．t2.num1=t1.num1;　　C．t2.mark=t1.mark;　　D．t2.num2=t1.num2;

正确答案：C

解析：结构体中的 mark 为数组名，是地址常量，不能放在赋值符号左侧。

## 9.3　结构体变量成员的引用

**（一）变量的引用**

**1．引用方法**

结构体变量名.成员名 或者 指针变量名->成员名

**2．注意事项**

（1）不能将结构体变量整体进行输入和输出，只能对各个成员分别进行输入和输出。

例如："printf("%d,%s,%c,%d,%f,%s\n",student1);" 是错误的。

（2）当结构体成员是另一个结构体变量时，应一级一级地引用成员。

例如：student1.num=10010;　　　student1.birthday.month=3;

（3）仅在以下两种情况下，可以把结构体变量作为一个整体来访问。

① 结构体变量整体赋值。

例如：student2 = student1;

② 取结构体变量地址。

例如：printf("%x", &student1);　　　　　　　/*输出 student1 的地址*/

（二）真题解析

【示例9-2】设有以下程序段：

struct MP3

{

    char name[20];

    char color;

    float price;

}std,*ptr;

ptr=&std;

若要引用结构体变量 std 中的 color 成员，写法错误的是（    ）。（二级考试真题 2012.11）

   A．std.color    B．ptr->color    C．std->color    D．(*ptr).color

正确答案：C

解析：可以通过成员点运算符（.）来访问结构体的各个成员。如果定义了一个结构体指针，可以用该指针和间接成员运算符（->）代替点运算符来访问结构体的各个成员。答案 A 符合"结构体变量名.成员名"的引用方法；答案 B 符合"指针变量名->成员名"的引用方法；答案 C 中变量"std"不是指针类型的变量，故该引用方法错误；答案 D 中，因"ptr"为指针变量，所以"(*ptr)"相当于一个结构体变量。

## 9.4 结构体变量的初始化

结构体变量的初始化就是给结构体类型的变量赋初值。

（一）一般形式

struct 结构体名 变量={初始数据列表}；

例如：

struct student

{

    long int num;       /* 学号 */

    char   name[20];    /* 姓名 */

    char   sex;        /* 性别 */

    char   address[20];  /* 地址 */

}student1={201613031, "Zhang san", 'M', "No.123 Beijing Road"};

（二）注意事项

（1）不能在结构体内赋初值。

（2）相同类型的结构体变量可以互相赋值（见课本例9.1）。

## 9.5 结构体数组

结构体数组即结构体类型的数组，结构体数组的每一个元素都是结构体变量。

（一）定义和初始化

1．结构体数组的定义

struct 结构体名 结构体数组名[元素个数]；

例如：

struct student

{

    int num;

    char name[20];

    char sex;

    int age;

    float score;

    char address[30];

 }student1[3];

### 2．结构体数组的初始化

结构体数组的初始化就是给每一个结构体类型数组的数组元素赋初值。

例如：

struct student

{

    int num;

    char name[20];

    char sex;

    int age;

    float score;

    char address[30];

 }student1[3]={

          {201613031,"Zhang San",'M',"No.123 Beijing Road"}，

          {201613032,"Li Si",'M',"No.56 Shanghai Road"}，

          {201613033,"Wang Wu",'M',"No.78 Chongqing Road"}

      };

在本例中，定义了一种数据类型为 struct student，以及这种类型的数组 student[3]，该数组有三个元素 student[0]、student[1]和 studeng[2]，初始值分别为{201613031,"Zhang San",'M',"No.123 Beijing Road"}、{201613032,"Li Si",'M',"No.56 Shanghai Road"}和{201613033,"Wang Wu",'M',"No.78 Chongqing Road"}。

### （二）注意事项

（1）结构体数组初始化的一般形式就是在定义数组的后面加上"={初值表列}"。

（2）当对全部元素作初始化赋值时，可不给出数组长度。

## 9.6　结构体指针

结构体指针是一个指针变量，用来指向一个结构体变量，即指向该变量所分配的存储区域的首地址，结构体指针变量还可以用来指向结构体数组中的元素。

### （一）结构体变量指针

**1．定义**

结构体变量指针的格式如下：

struct 结构体类型名 *结构体指针变量名；

例如：

```
struct student
{
    int num;
    char name[20];
    char sex;
    int age;
    float score;
    char address[30];
}*p,student;
p=&student;
```

此处 p 指向结构体类型的变量 student，是结构体变量指针。

**2．结构体变量指针的使用**

在上例中，用结构体变量指针表示变量中的各成员可以有两种方式：

（1）(*p).num。注意：成员运算符"."优先于"*"运算符，不能写成*p.num 或*(p.num)。

（2）p->num。用指针和间接成员运算符（->）代替点运算符（.）来访问结构体的各个成员。

### （二）结构体数组指针

当一个指针变量指向结构体类型的数组时，这种指针就是结构体数组指针。此时会将该数组的起始地址赋值给该指针变量。

**1．定义**

```
struct student
{
    int num;
    char name[20];
    char sex;
    int age;
    float score;
    char address[30];
}*p,stu[3];
p=stu;
```

**2．注意事项**

（1）若 p 为指向结构体数组 stu 的指针，即 p=stu;，则 p++指向 stu[1]。

（2）"->"运算符优先于"++"运算符，所以++p->num 和(++p)->num 是不同的。++p->num：使 p 所指向的 num 成员值加 1；(++p)->num：先使 p+1，然后得到它指向的元素中的 num 成员值。

### （三）结构体指针变量作为函数参数

#### 1．结构体赋值方式

在函数调用采用值传递方式时，如果调用函数中的实参使用结构体变量名，那么被调函数的相应形参应该是具有相同结构体类型的结构体变量。在执行被调用的函数时，实参的结构体变量赋值给形参的结构体变量，实际上是进行实参到形参的结构体变量对应成员项之间的数据赋值。

#### 2．结构体地址传递方式

结构体地址传递方式是把结构体变量的存储地址作为实参向函数传递，在函数中用指向相同结构体类型的指针作为形参接收该地址值，并通过这个结构体指针来处理结构体中的各项数据。

#### 3．结构体数组在函数间传递

当需要把多个结构体作为一个参数向函数传递时，应该把它们组织成结构体数组，在函数间传递结构体数组时，一般采用地址传递方式，即把结构体数组的存储首地址作为实参。在被调函数中，用同样结构体类型的结构体指针作为形参接收传递的地址值。

（1）结构体的成员作函数的参数。

与普通变量作函数参数的用法相同。值传递，不能修改实参的值。

（2）结构体指针作函数的参数。

将结构体的地址传送给函数，效率高，可以修改实参的值。

（3）结构体作函数的参数。

将结构体的全部成员值传递给函数，效率低，不能修改实参的值。

### （四）真题解析

【示例 9-3】有以下程序：

```c
#include <stdio.h>
struct ord
{
    int x,y;
}dt[2]={1,2,3,4};
int main()
{
    struct ord *p=dt;
    printf("%d,",++(p->x));
    printf("%d\n",++(p->y));
    return 0;
}
```

程序运行后的输出结果是（    ）。（二级考试真题 2010.6）

  A．1,2       B．4,1       C．3,4       D．2,3

正确答案：D

解析：题目中定义了一个结构体数组 dt[0].x=1,dt[0].y=2,dt[1].x=3,dt[1].y=4。p 指向结构

体数组的第一个元素，那么 p->x 的值为 1，p->y 的值为 2，所以输出结果为 2,3。

【示例 9-4】有以下程序：

```
#include <stdio.h>
int main()
{
    struct node
    {
        int n;
        struct node *next;
    }*p;
    struct node x[3]={{2,x+1},{4,x+2},{6,NULL}};
    p=x;
    printf("%d",p->n);
    printf("%d\n",p->next->n);
    return 0;
}
```

程序运行后的输出结果是（　　）。（二级考试真题 2011.11）

　　A．2,3　　　　B．2,4　　　　C．3,4　　　　D．4,6

正确答案：B

解析：在程序中由结构体 node 的数组 x[3]组成了一个线性链表，指针 p 指向链表的第一个结点 x[0]，所以首先输出 2，p->next 指向第二个结点 x[1]，所以输出 4。

【补充】

用指针和结构体可以构成链表，单向链表操作主要有链表的建立、输出，链表中结点的删除与插入等。

（1）链表是一种常用的重要的数据结构，它是动态地进行存储分配的一种结构。

（2）所谓建立链表是指从无到有地建立起一个链表，即一个一个地输入各结点数据，并建立起前后相连的关系。

（3）所谓输出链表就是将链表各结点的数据依次输出。

（4）所谓删除链表事实上就是删除链表中的某个结点。

（5）所谓插入链表就是在链表中某个位置插入一个或几个结点。

【示例 9-5】有以下函数：

```
#include <sthio.h>
struct stu
{
    int num;
    char name[10];
    int age;
};
viod fun(struct stu *p)
{
```

```
        printf("%s\n",p->name);
    }
    int main()
    {
        struct stu x[3]={
                            {01, "zhang",20},
                            {02, "wang",19},
                            {03, "zhao",18}
                        };
        fun(x+2);
        return 0;
    }
```

程序运行输出结果是（    ）。（二级考试真题 2012.11 ）

  A．zhang        B．zhao        C．wang        D．19

正确答案：B

解析："x"为结构体数组名，它代表结构体数组首元素的地址，"x+2"表示结构体数组的第三个数组元素，所以 p->name 的取值为"zhao"，正确答案为 B。

## 9.7 共用体

### （一）共用体类型的定义

共用体使用的语法和结构体相同。所不同的是，共用体的成员共享一个共同的空间。共用体同一时间内只能存储一个单独的数据项,而不像结构体那样可以同时存储多种数据类型，可以在共用体变量中存储一个类型不唯一的值。共用体类型定义的一般形式如下：

```
union  共用体类型名
{
    数据类型  成员名1;
    数据类型  成员名2;
    ……
    数据类型  成员名n;
};
```

### （二）共用体变量的引用

**1．共用体变量的引用方式**

共用体变量名.成员名

**2．共用体指针变量的引用方式**

共用体指针变量名->成员名 或 (*共用体指针变量名).成员

**3．共用体变量的特点**

（1）共用体变量在定义的同时只能用第一个成员的类型值进行初始化。

（2）共用体变量中的所有成员共享一段公共存储区，所以共用体变量所占内存字节数与其成员中占字节数最多的那个成员相等；而结构体变量中的每个成员分别占有独立的存储空间，所以结构体变量所占内存字节数是其成员所占字节数的总和。

（3）由于共用体变量中的所有成员共享存储空间，因此变量中的所有成员的首地址相同，而且变量的地址也是该变量成员的地址。

（4）共用体变量中起作用的成员是最后一次存放的成员，在存入一个新的成员后，原有的成员就失去作用。

（5）不能把共用体变量作为函数参数，但可以使用指向共用体变量的指针作为函数参数。

## 9.8 枚举类型

枚举是一个命名为整型常量的集合。它提供了一种定义符号常量的方法，通过枚举可以创建一系列代表整型常量（又称枚举常量）的符号和定义相关联的枚举类型。

其一般定义形式为：

enum 枚举名{枚举元素表} 枚举变量表;

有关枚举变量的说明如下：

（1）枚举元素是按常量处理的，如果没有进行初始化，第一个枚举元素的值为 0，第二个枚举元素的值为 1，以此类推。

（2）对应枚举变量只能取"枚举元素表"中的某个元素，而不能取其他值，如：不能把整数直接赋给枚举变量。

（3）若想将整数赋值给枚举变量，需作强制类型转换。

## 9.9 用户自定义类型

C 语言允许用 typedef 说明一种新的类型名，通俗地讲就是给一种类型另外起一个名字。typedef 提供了一种为基本或派生类型创建新标识符的方法。

**（一）typedef 的使用**

**1．一般形式**

typedef 类型名 1 类型名 2;

其中"类型名 1"是系统提供的标准类型名或已经定义过的其他类型名，"类型名 2"就是用户定义的类型名。

**2．注意事项**

（1）使用 typedef 只能用来定义各种用户定义类型名，而不能用于定义变量。

（2）用户定义类型相当于原类型的别名。

（3）typedef 并不只是作简单的字符串替换，这与#define 作用是不同的。

（4）typedef 定义类型名可嵌套进行。

（5）利用 typedef 定义类型名有利于程序的移植，并增加程序的可读性。

**（二）真题解析**

【示例 9-6】若有以下语句：

typedef struct S

{

　　int g;

```
        char h;
    }T;
```

以下叙述中正确的是（　　）。（二级考试真题 2010.6）

    A．可用 S 定义结构体变量　　　　　B．可用 T 定义结构体变量

    C．S 是 struct 类型的变量　　　　　D．T 是 struct S 类型的变量

正确答案：B

解析：typedef 用于声明新的类型名，也就是定义一个新的数据类型。如果语句中去掉 typedef，T 就变成了声明一个结构体类型 S。本题中，T 等效于 struct S，是一个结构体类型，也就是说 typedef 只是将 struct S 定义为一种新的数据类型 T。

    答案 A：S 不可以定义结构体变量，要加上 struct，即用 struct S 定义结构体变量；

    答案 B：T 等效于 struct S；

    答案 C：S 是类型名不是变量名，要和 struct 一起使用才有意义；

    答案 D：T 不是变量，是一种新的类型，等效于 struct S。

## 【重点难点分析】

    本章需要重点掌握结构体的类型说明，结构体变量的定义、引用及初始化，掌握结构体数组的定义与初始化，正确理解指向结构体类型的指针并能正确引用。掌握共用体的定义及应用，并掌握其与结构体类型的区别。

    结构体提供了在相同数据对象中存储多个不同类型数据项的方法。可以通过成员点运算符（.）来访问结构体的各个成员。如果定义了一个结构体指针，可以用该指针和间接成员运算符（->）代替点运算符来访问结构体的各个成员。

    本章的一个难点是指向结构体类型的指针，学习过程中注意与前面指针章节的内容及结构体数组内容相联系，多上机调试例题程序；另一个难点就是链表结点的定义和基于链表的运算，如结点元素的插入和删除等操作。

## 【部分课后习题解析】

1.　struct、union

2.　30（6+16+8）、16

【提示】共用体变量所占内存长度等于最长的成员所占内存的长度。

3.　B

【提示】定义一个结构体类型的变量，可采用三种方法：（1）先定义结构体类型再定义变量；（2）在定义类型的同时定义变量；（3）直接定义结构类型变量，即不出现结构体名。B 符合（3）。

4.　2

【提示】t=(s[0].b−s[1].a)+(s[1].c−s[0].b)=('b'−'d')+('f'−'b')=2

5.　参考程序：

```
#include <stdio.h>
#include <math.h>
struct point                    //平面上的一个点
{
```

```
        float x;                        //横坐标轴
        float y;                        //纵坐标轴
    };
    int main()
    {
        float dis;
        struct point a,b;                      //定义 a、b 两点
        printf("请输入 a 的横坐标和纵坐标:");
        scanf("%f%f",&a.x,&a.y);               //输入 a 的横坐标轴和纵坐标
        printf("请输入 b 的横坐标和纵坐标:");
        scanf("%f%f",&b.x,&b.y);               //输入 b 的横坐标轴和纵坐标
        dis=sqrt((a.x-b.x)*(a.x-b.x)+(a.y-b.y)*(a.y-b.y));  //计算两点之间的距离
        printf("a,b 两点之间的距离是:%f",dis);
        return 0;
    }
```

6. 参考程序:

```
#include <stdio.h>
int main()
{
struct
{
char dept[10];          //系别
char name[10];          //姓名
char sex[2];            //性别
int age;                //年龄
int tel;                //联系电话
char addr[20];          //地址
}student;
printf("请输入一个学生的信息:系别,姓名,性别,年龄,联系电话和地址:\n");
scanf("%s%s%s%d%d%s",student.dept,student.name,student.sex,&student.age,&student.tel,student.addr);
printf("学生的信息如下:\n");
printf("系别:%s\t 姓名:%s\t 性别:%s\t 年龄:%d\t 联系电话:%d\t 地址:
        %s\n",student.dept,student.name,student.sex,student.age, student.tel,student.addr);
return 0;
}
```

7. 参考程序:

```
#include <stdio.h>
#include <string.h>
int main()
{
```

```c
    struct
    {
        int rank;                //排名
        char name[10];           //姓名
        float score ;            //成绩
    }stu[3]={
            {1,"Li Ping",95.5},
            {2,"Wang Ming",90},
            {3,"Liu Fang",86.5}
            };
    int i;
    char str[10];
    printf("请输入查询学生的姓名:\n");
    scanf("%s",str);
    for(i=0;strcmp(str,"q")!=0;i++)
    {
        if(strcmp(stu[i].name,str)==0)
        {
            printf("请输出查询学生的信息:\n 姓名\t 排名\t 成绩:\n");
            printf("%s\t%d\t%f\n",stu[i].name,stu[i].rank,stu[i].score);
        }
        else
            printf("查无此人!\n");
        printf("请输入查询学生的姓名:\n");
        scanf("%s",str);
    }
    return 0;
}
```

8. 参考程序：

```c
#include <stdio.h>
int main()
{
    struct
    {
        int num;                 //学号
        char name[10];           //姓名
        float score[3] ;         //成绩
    }stu[5];
    int i;
    float sum[5], avg[5];        //总成绩、平均成绩
```

```
    for(i=0;i<5;i++)
    {
        sum[i]=0;
        printf("请输入 5 个学生的学号,姓名和三门课的成绩:\n");
        scanf("%d%s%f%f%f",&stu[i].num,stu[i].name,&stu[i].score[0],&stu[i].score[1], &stu[i].score[2]);
        sum[i]=stu[i].score[0]+stu[i].score[1]+stu[i].score[2];
        avg[i]=sum[i]/3;
    }
    for(i=0;i<5;i++)
        printf("第 i 个学生的总成绩,平均成绩是:%.2f\t%.2f\n",sum[i],avg[i]);
    return 0;
}
```

10.【提示】首先定义结构体数组并初始化,然后对学生的成绩进行选择排序。这样可在结构体数组中实现学生信息按照成绩的高低排序,最后输出结构体数组的元素即可。

```
#include <stdio.h>
int main()
{
    struct student
    {
        int num;
        char name[20];
        float score;
    }stu[5]={
                    {10101,"Zhang",78},
                    {10103,"Wang",98.5},
                    {10106,"Li",86},
                    {10108,"Ling",73.5},
                    {10110,"Fun",100}
            };                      //定义结构体数组并初始化
    struct student temp;            //定义结构体变量 temp,用作交换时的临时变量
    int i,j,k;
    printf("The order is:\n");
    for(i=0;i<4;i++)
    {
        k=i;
        for(j=i+1;j<5;j++)
            if(stu[j].score>stu[k].score)          //进行成绩的比较
                k=j;
        temp=stu[k]; stu[k]=stu[i]; stu[i]=temp;    //stu[k]和 stu[i]元素互换
    }
```

```
    for(i=0;i<5;i++)
        printf("%6d %8s %6.2f\n",stu[i].num,stu[i].name,stu[i].score);
    printf("\n");
    return 0;
}
```

# 【练习题】

## 一、填空题

1. 以下程序用来输出结构体变量 ex 所占存储单元的字节数，请填空。

```
struct st
{
    char name[20];
    double score;
};
int main()
{
    struct st ex;
    printf("ex size: %d\n",sizeof(_____));
    return 0;
}
```

2. 若有如下结构体说明：

```
struct STRU
{
    int a,b;
    char c;
    double d;
};
```

请填空，以完成对 t 数组的定义，t 数组的每个元素为该结构体类型：_____t[20];

3. 有以下说明定义和语句，可用 a.day 引用结构体成员 day，请写出引用结构体成员 a.day 的其他两种形式_____、_____。

```
struct
{
    int day;
    char mouth;
    int year;
}a,*b;
b=&a;
```

4. 以下程序运行后的输出结果是（    ）。

```
#include <stdio.h>
struct NODE
```

```
{
    int k;
    struct NODE *link;
};
int main()
{
    struct NODE m[5],*p=m,*q=m+4;
    int i=0;
    while(p!=q)
    {
        p->k=++i;
        p++;
        q->k=i++;
        q--;
    }
    q->k=i;
    for(i=0;i<5;i++)
        printf("%d",m[i].k);
    printf("\n");
    return 0;
}
```

5. 以下程序把三个 NODETYPE 型的变量链接成一个简单的链表, 并在 while 循环中输出链表结点数据域中的数据, 请填空。

```
#include <stdio.h>
struct node
{
    int data;
    struct node *next;
};
typedef struct node NODETYPE;
int main()
{
    NODETYPE a,b,c,*h,*p;
    a.data=10;
    b.data=20;
    c.data=30;
    h=&a;
    b.next=&b;
    b.next=&c;
    c.next='\0';
```

```
    p=h;
    while(p)
    {
        printf("&d",p->data);
        ____;
    }
    return 0;
}
```

## 二、选择题

1. 若程序中有以下的说明和定义：

```
struct abc
{
    int x;
    char y;
}
struct abc s1,s2;
```

则会发生的情况是（　　）。

　　A．编译时错　　　　　　　　　　　　B．程序将顺序编译、连接、执行

　　C．能顺序通过编译、连接，但不能执行　　D．能顺序通过编译，但连接出错

2. 下面程序的输出结果是（　　）。

```
#include <stdio.h>
int main()
{
    enum team
    {
        my,your=4,his,her=his+10
    };
    printf("%d %d %d %d\n",my,your,his,her);
    return 0;
}
```

　　A．0 1 2 3　　　　B．0 4 0 10　　　　C．0 4 5 15　　　　D．1 4 5 15

3. 有以下程序：

```
#include <stdio.h>
union pw
{
    int i;
    char ch[2];
}a;
int main()
{
```

```
        a.ch[0]=13;
        a.ch[1]=0;
        printf("%d\n",a.i);
        return 0;
    }
```

程序的输出结果是（    ）。（注意：ch[0]在低字节，ch[1]在高字节。）

   A．13          B．14          C．208          D．209

4．设有以下语句：

```
struct st
{
    int n;
    struct st *next;
};
static struct st a[3]={5,&a[1],7,&a[2],9,'\0'},*p;
p=&a[0];
```

则表达式（    ）的值是6。

   A．p++->n       B．p->n++       C．(*p).n++       D．++p->n

5．有以下程序段：

```
typedef struct NODE
{
    int   num;
    struct NODE *next;
}OLD;
```

以下叙述中正确的是（    ）。

   A．以上的说明形式非法          B．NODE 是一个结构体类型

   C．OLD 是一个结构体类型       D．OLD 是一个结构体变量

6．下列关于结构型、共用型、枚举型的定义语句中，正确的是（    ）。

   A．struct ss{ int x}          B．union uu { int x;}xx＝5;

   C．enum ee{ int x;};          D．struct{int x;};

7．设有定义：

```
struct complex
{
    int real,unreal;
}data1={1,8},data2;
```

则以下赋值语句中错误的是（    ）。

   A．data2=data1;          B．data2=(2,6);

   C．data2.real=data1.real;       D．data2.real=data1.unreal;

8．有以下程序：

```
#include <stdio.h>
#include <stdlib.h>
```

```
struct A
{
    int a; char b[10];
    double c;
};
void f(struct A t);
int main()
{
    struct A a={1001,"ZhangDa",1098.0};
    f(a);
    printf("%d,%s,%6.1f\n",a.a,a.b,a.c);
    return 0;
}
void f(struct A t)
{
    t.a=1002;
    strcpy(t.b,"ChangRong");
    t.c=1202.0;
}
```

程序运行后的输出结果是（　　）。

  A．1001,zhangDa,1098.0    B．1002,changRong,1202.0

  C．1001,ehangRong,1098.0   D．1002,ZhangDa,1202.0

 9．有以下定义和语句：

```
struct workers
{
    int num;
    char name[20];
    char c;
    struct
    {
        int day;
        int month;
        int year;
    }s;
};
struct workers w,*pw;
pw=&w;
```

能给 w 中 year 成员赋 1980 的语句是（　　）。

  A．*pw.year=1980;     B．w.year=1980;

  C．pw->year=1980;     D．w.s.year=1980;

10. 设有以下定义：

union data

{

　　int d1;

　　float d2;

}demo;

则下面叙述中错误的是（　　）。

　　A. 变量 demo 与成员 d2 所占的内存字节数相同

　　B. 变量 demo 中各成员的地址相同

　　C. 变量 demo 和各成员的地址相同

　　D. 若给 demo.d1 赋 99 后，demo.d2 中的值是 99.0

### 三、程序设计

1. 输入 5 位同学的一组信息，包括学号、姓名、数学成绩、计算机成绩，求得每位同学的平均分和总分，然后按照总分从高到低排序。

2. 定义一个结构体变量（包括年、月、日）。编写一个函数 days，计算该日期在本年中是第几天（注意闰年问题）。由主函数将年、月、日传递给 days 函数，计算之后，将结果返回到主函数输出。

# 第10章 文 件

## 【知识框架图】

知识框架图如图 2-10-1 所示。

图 2-10-1　知识框架图

## 【知识点介绍】

## 10.1　C文件概述

### （一）文件的分类

从不同的角度，可对文件做不同的分类：

（1）从用户的角度，文件可分为普通文件和设备文件；

（2）从文件的存取方式，文件可分为顺序文件和随机文件；

（3）从文件的编码方式，文件可分为 ASCII 码文件和二进制编码文件。

### （二）流和文件指针

**1．流**

流是程序输入或输出的一个连续的数据序列，设备的输入输出都是用流来处理的。

**2．文件指针**

文件指针是指向一个结构体类型的指针变量。定义文件类型指针变量的一般使用格式为：

FILE *文件指针名；

注：文件指针和文件内部的位置指针不是一回事，文件指针是指向整个文件的，需在程序中用 FILE 进行定义，只要不重新赋值，文件指针的值是不变的。

文件内部的位置指针用于指示文件内部的当前读/写位置，每读/写一次，该指针就会向后移动，它不需要在程序中定义，而是由系统自动设置。

### （三）文件的操作流程

对文件的操作一般遵循的步骤如下：

（1）创建/打开文件。

（2）从文件中读数据或向文件中写数据。

（3）关闭文件。

```
void showabc()
{
    int a,b,c;
    for(a=0;a<=9;a++)
        for(b=0;b<=9;b++)
            for(c=0;c<=9;c++)
            if((a*100+b*10+c+b*100+c*10+c)==1334)
                printf("%d %d %d\n",a,b,c);
}
int main()
{
    showabc();
    return 0;
}
```

10. 参考程序：

```
#include<stdio.h>
int main()
{
    float a[10];
    void fun(float x[],int n);
    int i;
    for(i=0;i<10;i++)
        scanf("%f",&a[i]);
    fun(a,10);
    return 0;
}
void fun(float x[],int n)
{
    int i;
    float max,min,ave,sum;
    sum=min=max=x[0];
    for(i=1;i<10;i++)
    {
        if(x[i]>max)
            max=x[i];
        if(x[i]<min)
            min=x[i];
        sum+=x[i];
    }
    ave=sum/n;
```

4. A

C 语言中函数返回值的类型是由定义函数时指定的类型决定的。如果定义时省略函数类型，则默认是 int 类型。

5. D　　6. A

7. 参考程序：

```c
int d_sum(int x)
{
    int i,s=0;
    while(x!=0)
    {
        i=x%10;
        s=s+i;
        x=x/10;
    }
    return s;
}
```

8. 参考程序：

```c
#include <stdio.h>
int gys(int x,int y)    //最大公约数函数
{
    int t,r;
    if(x<y)    {t=x;x=y;y=t;}
    while((r=x%y)!=0)
    {x=y; y=r;}
    return y;
}
int gbs(int x,int y)    //最小公倍数函数
{
    return x*y/gys(x,y);
}
int main()
{
    int m,n;
    printf("input m,n:");
    scanf("%d%d",&m,&n);
    printf("最大公约数:%d,最小公倍数:%d\n",gys(m,n),gbs(m,n));
    return 0;
}
```

9. 参考程序：

```c
#include <stdio.h>
```

缓冲文件系统磁盘存取示意图如图 2-10-2 所示。

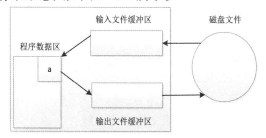

图 2-10-2　缓冲文件系统磁盘存取示意图

## 10.2　文件的打开和关闭

### （一）打开文件

**1．fopen()函数**

打开文件的函数是 fopen()，其一般使用形式如下：

fopen(文件名,文件使用方式)；

**2．文件的使用方式**

文件的使用方式见表 2-10-1。

表 2-10-1　文件的使用方式列表

| 打开方式 | 说明 |
| --- | --- |
| r | 以只读方式打开文件，只允许读取，不允许写入，该文件必须存在 |
| r+ | 以读/写方式打开文件，允许读取和写入，该文件必须存在 |
| rb+ | 以读/写方式打开一个二进制文件，允许读/写数据 |
| rt+ | 以读/写方式打开一个文本文件，允许读和写 |
| w | 以只写方式打开文件，若文件存在则长度清为零，即该文件内容消失；若不存在则创建该文件 |
| w+ | 以读/写方式打开文件，若文件存在则文件长度清为零，即该文件内容会消失；若文件不存在则建立该文件 |
| a | 以追加的方式打开只写文件，若文件不存在，则会建立该文件；若文件存在，则写入的数据会被加到文件尾，即文件原先的内容会被保留（EOF 符保留） |
| a+ | 以追加方式打开可读/写的文件，若文件不存在，则会建立该文件；若文件存在，则写入的数据会被加到文件尾，即文件原先的内容会被保留（原来的 EOF 符不保留） |
| wb | 以只写方式打开或新建一个二进制文件，只允许写数据 |
| wb+ | 以读/写方式打开或建立一个二进制文件，允许读和写 |
| wt+ | 以读/写方式打开或建立一个文本文件，允许读和写 |
| ab+ | 以读/写方式打开一个二进制文件，允许读或在文件末追加数据 |
| at+ | 以读/写方式打开一个文本文件，允许读或在文件末追加数据 |

**3．几点说明**

（1）文件打开方式由 r、w、a、t、b、+ 六个字符拼成，各字符的含义是：

● 　r（read）：读

- w（write）：写
- a（append）：追加
- t（text）：文本文件，可省略不写
- b（banary）：二进制文件
- +：读和写

（2）如果没有"b"字符，文件以文本方式打开。

（3）凡用"r"打开一个文件时，该文件必须已经存在。

（4）在打开一个文件时，如果出错，fopen 将返回一个空指针值 NULL。在程序中可以用这一信息来判别是否完成打开文件的工作，并作相应的处理。因此常用以下程序段打开文件：

```
if( (fp=fopen("E:\\sample.txt","rb")==NULL)
{
    printf("Error on open E:\\sample.txt file!");
    getch();
    exit(1);
}
```

该段程序的意义：如果返回的指针为空，表示不能打开 E 盘根目录下的 sample.txt 文件，并给出提示信息"error on open E:\\sample.txt file!"。第 4 行 getch()的功能是从键盘输入一个字符，但不在屏幕上显示。此处，该行的作用是等待。只有当用户从键盘敲任一键时，程序才继续执行。因此用户可利用这个等待时间阅读出错提示，有键盘输入后执行 exit(1)退出程序。

（5）把一个文本文件读入内存时，要将 ASCII 码转换成二进制形式，而把文件以文本方式写入磁盘时，也要把二进制形式的表示转换成 ASCII 码，因此文本文件的读写要花费较多的转换时间，而对二进制文件的读写则不存在这种转换。

（6）标准输入文件 stdin（键盘）、标准输出文件 stdout（显示器）、标准错误文件 stderr（显示器）是由系统打开的，可直接使用。

**（二）关闭文件（fclose()函数）**

**1．fclose()函数**

文件一旦使用完毕，应该用 fclose()函数将文件关闭，以释放相关资源，避免数据丢失。

fclose()的原型为：int fclose(FILE *fp);

fp 为文件指针。

例如：fclose(fp);

文件正常关闭时，fclose()的返回值为 0，如果返回非零值，则表示有错误发生。

**2．判断文件结束**

feof()函数用于检测文件是否结束，其一般使用格式如下：

feof(文件指针);

若文件结束，则返回一个非 0 值，否则返回一个 0 值。

说明：文本文件以 EOF(–1)作为文件结束标志，因为 ASCII 码值的范围是 0~255，不可能出现–1，所以编写一个从磁盘文本文件中逐个读取字符并输出到屏幕上的程序时，可以在

while 循环中以 EOF 作为文件结束标志。由于二进制文件中会有-1 值的出现，所以此时不能采用 EOF 作为二进制文件的结束标志，而是必须使用 feof()函数进行结束判断。

### 3．真题解析

【示例 10-1】设文件 test.txt 中原已写入字符串"Begin"，执行以下程序后，文件中的内容为（　　）。（二级考试真题 2012.6）

```
#include <string.h>
int main()
{
    file *fp;
    fp=fopen("test.txt","w+");
    fputs("test",fp);
    fclose(fp);
    return 0;
}
```

正确答案：test

解析："w+"方式，即以读/写方式打开文件，若文件存在则文件长度清零，也就是说该文件内容会消失。原有 test.txt 中的内容"Begin"被清空后，重新写入字符串"test"。所以文件 test.txt 中的内容为"test"。

## 10.3　文件的读写

### （一）相关函数

（1）文件的字符输入函数：fgetc()；
（2）文件的字符输出函数：fputc()；
（3）字符串输入函数：fgets(字符串变量,n,fp)；
（4）字符串输出函数：fputs(字符变量,fp)；
（5）格式化输出函数：fprintf(fp,格式串,输出项表)；
（6）格式化输入函数：fscanf(fp,格式串,输入项表)；
（7）数据块输出函数：fwrite(buf,size,count,fp)；
（8）数据块输入函数：fread(buf,size,count,fp)；

### （二）说明

（1）在 C 语言中，读写文件比较灵活，既可以每次读写一个字符，也可以读写一个字符串，甚至是任意字节的数据（数据块）。以字符形式读写文件时，每次可以从文件中读取一个字符，或者向文件中写入一个字符。主要使用两个函数：fgetc()和 fputc()。

fgetc()和 fputc()函数每次只能读写一个字符，速度较慢；实际开发中往往是每次读写一个字符串或者一个数据块，这样能明显提高效率。

（2）以字符串的形式读写文件时，主要使用 fgets()和 fputs()函数。fgets()读取到的字符串会在末尾自动添加'\0'，n 个字符也包括'\0'，也就是说，实际只读取到了 n-1 个字符。在读取到 n-1 个字符之前如果出现了换行，或者读到了文件末尾，则读取结束。这就意味着，不管 n 的值多大，fgets()最多只能读取一行数据，不能跨行。

在 C 语言中，没有按行读取文件的函数，可以借助 fgets()，将 n 的值设置得足够大，每次就可以读取到一行数据。fgets()能够读取到换行符，而 gets()则不一样，它会忽略换行符。

（3）fgets()有局限性，每次最多只能从文件中读取一行内容，因为 fgets()遇到换行符就结束读取。如果希望读取多行内容，需要使用 fread()函数，相应地写入函数为 fwrite()。fread()函数用来从指定文件中读取块数据。所谓块数据，也就是若干个字节的数据，可以是一个字符，可以是一个字符串，也可以是多行数据，并没有什么限制。这两个函数直接操作字节，建议使用二进制方式打开文件。

（4）fscanf()和 fprintf()函数与前面使用的 scanf()和 printf()功能相似，都是格式化读写函数，二者的区别在于 fscanf()和 fprintf()的读写对象不是键盘和显示器，而是磁盘文件。

用 fscanf()和 fprintf()函数读写配置文件、日志文件会非常方便，不但程序能够识别，用户也容易看懂，也可以手动修改。

如果将 fp 设置为 stdin，那么 fscanf()函数将会从键盘读取数据，与 scanf()的作用相同；如果设置为 stdout，那么 fprintf()函数将会向显示器输出内容，与 printf()的作用相同。

（5）从功能角度来说，fread()和 fwrite()函数可以完成文件的任何数据读/写操作。但为方便起见，依据下列原则选用：

① 读/写 1 个字符（或字节）数据时：选用 fgetc()和 fputc()函数。

② 读/写 1 个字符串时：选用 fgets()和 fputs()函数。

③ 读/写 1 个（或多个）不含格式的数据时：选用 fread()和 fwrite()函数。

④ 读/写 1 个（或多个）含格式的数据时：选用 fscanf()和 fprintf()函数。

## 10.4　文件定位操作

### （一）相关函数

**1．获取文件位置指针的当前值**

ftell(fp);

**2．移动文件位置指针**

fseek(fp,offset, from);

起始点 from 的取值及其含义见表 2-10-2。

表 2-10-2　　from 的取值及含义

| 数字 | 符号常量 | 代表的起始点 |
| --- | --- | --- |
| 0 | SEEK_SET | 文件开头 |
| 1 | SEEK_CUR | 文件当前指针位置 |
| 2 | SEEK_END | 文件末尾 |

**3．将文件位置指针置于文件开头**

rewind(fp);

### （二）说明

（1）实现随机读写的关键是要按要求移动位置指针，称之为文件的定位。移动文件内部位置指针的函数主要有两个，即 rewind()和 fseek()。

fseek()一般用于二进制文件，在文本文件中由于要进行转换，计算的位置有时会出错。

（2）在移动位置指针之后，就可以用前面介绍的任何一种读写函数进行读写。因为是二进制文件，通常用 fread() 和 fwrite() 实现文件的读写。

# 【重点难点分析】

本章需要重点掌握文件的概念及对文件的相关操作。C 程序把输入和输出均看作是字节流，输入流来源于文件、输入设备（如键盘），甚至是另一个文件的输出。输出流的目的地则可以是文件、显示设备等。

要访问文件，必须创建文件指针（其类型为 FILE *），并把指针与特定的文件名相关联。编写程序时使用文件指针而不是文件名来实现文件操作。

重点理解 C 程序是如何处理文件结尾的。通常情况下，用于读取文件的程序使用一个循环读取输入，直至到达文件结尾。输入函数应该在尝试读取文件结尾后立即判断是否是文件结尾。

C 程序对输入流和输出流的解释取决于代码中所使用的输入/输出函数。使用二进制形式及 fread() 和 fwrite() 函数，可以在不损失精度的前提下保存或恢复数值数据。采用文本模式及 fscanf() 和 fprintf() 等函数可以保存文本信息并创建能在普通文本编辑器中查看的文本文件。

# 【部分课后习题解析】

1. B　　2. B　　3. A　　4. C　　5. D　　6. B

7. 参考答案：

```c
#include <stdio.h>
int main()
{
    FILE *fp;
    if((fp=fopen("file1.txt", "r"))==NULL)
    {
        printf("Can not open file!\n");
        exit(0);
    }
    while(!feof(fp))
    {
        putchar(fgetc(fp));
    }
    printf("\n\nFinish!\n");
    return 0;
}
```

8. 参考答案：

```c
#include <stdio.h>
int main()
{
```

```
FILE *fp;
int fileSize;
fp=fopen("file1.txt", "rb");
if(fp==NULL)
{
    printf("Can not open file!\n");
    return -1;                          //exit(1)
}
else
    fseek(fp,0,SEEK_END);
fileSize=ftell(fp);
fseek(fp,0,SEEK_SET);
printf("%d\n",fileSize);
return 0;
}
```

9. 参考答案：

```
#include<stdio.h>
int main()
{
    FILE *fp;
    float f=5.36;
    if((fp=fopen("data.dat","wb"))==NULL)
    {
        printf("Can't open file!");
        exit(1);
    }
    fwrite(&f,sizeof(float),1,fp);
    printf("%f\n",f);
    fseek(fp,0L,SEEK_SET);          //移动文件指针 stream 的位置
    fread(&f,sizeof(float),1,fp);
    printf("%f\n",f);
    fclose(fp);
    return 0;
}
```

10. 参考答案：

```
#include <stdio.h>
#include <string.h>
#define STR_LEN 10
int main()
{
```

```
        char str[STR_LEN];
        FILE *fp;
        fp=fopen("test.bat", "wb");
        if(NULL==fp)
        {
            printf("创建或打开文件失败!\n");
            exit(0);
        }
        scanf("%s",&str);
        fprintf(fp, "%s\n",str);
        fclose(fp);
        getch();
        return 0;
}
```

11. 参考答案:

```
#include <stdio.h>
#include <stdlib.h>
int main()
{
        FILE *fp;
        char ch,fname[10];
        printf("Please input the file name:\n");
        gets(fname);
        if((fp= fopen(fname, "w"))==NULL)
        /*新建一个名字由字符数组 fname 的元素组成的文件，采用的方式是只读方式*/
        {
            printf("Open it error!\n");
            exit(0);
        }          /*关闭当前打开的文件并结束程序运行*/
        else
        {
            printf("Please enter the content:\n");
            while((ch=getchar())!='#')
                fputc(ch,fp);   /*将字符型变量 ch 的值输出到文件指针 fp 指向的文件中*/
        }
        fclose(fp);
        return 0;
}
```

12. 参考答案:

```
#include<stdio.h>
```

```
#define TRUE 1
#define FALSE 0
int isexist(char*str)
{
    FILE *fp;
    if((fp=fopen(str, "r"))!=NULL)
        return TRUE;
    else
        return FALSE;
}
int main()
{
    char fname[30];
    printf("Enter a file name: ");
    fscanf(stdin, "%s",fname);
    if(isexist (fname))
        printf("File %s exist.\n",fname);
    else
        printf("File %s do not exist.\n",fname);
    return 0;
}
```

13. 参考答案：

```
#include <stdio.h>
#include <stdlib.h>
int main()
{
    FILE *fp;
    char ch;
    fp=fopen("file1", "r");
    if(fp==NULL)
        printf("文件打开失败!\n");
    else
    {
        while(!feof(fp))
        {
            ch=fgetc(fp);
            printf("%c%c",ch,ch);
        }
        printf("\n");
    }
```

```
        return 0;
}
```

# 【练习题】

## 一、填空题

1. 以下程序打开新文件 f.txt，并调用字符输出函数将 a 数组中的字符写入其中，请填空。

```
#include <string.h>
int main()
{
    (【1】) *fp;
    char a[5]={ 1, 2, 3, 4, 5},i;
    fp=fopen{"f,txt","w"};
    for(i=0;i<5;i++)
        fputc(a[i],fp);
    fclose(fp);
    return 0;
}
```

2. 以下程序运行后的输出结果是（【2】）。

```
#include <stdio.h>
int main()
{
    FILE *fp;
    int x[6]={1,2,3,4,5,6},i;
    fp=fopen("test.dat", "wb");
    fwrite(x,sizeof(int),3,fp);
    rewind(fp);
    fread(x,sizeof(int),3,fp);
    for(i=0;i<6;i++)
        printf("%d",x[i]);
    printf("\n");
    fclose(fp);
    return 0;
}
```

3. 从名为 filea.dat 的文本文件中逐个读入字符并显示在屏幕上。请填空。

```
#include <stdio.h>
int main()
{
    FILE *fp;
    char ch;
    fp=fopen(【3】);
```

```
        ch=fgetc(fp);
        while(!feof(fp))
        {
            putchar(ch);
            ch=fgetc(fp);
        }
        putchar('\n');
        fclose(fp);
        return 0;
}
```

4. 以下程序打开文件后，先利用 fseek 函数将文件位置指针定位在文件末尾，然后调用 ftell 函数返回当前文件位置指针的具体位置，从而确定文件长度，请填空。

```
#include<stdio.h>
int main()
{
    FILE *fp;
    long fl;
    fp=fopen("test.dat", "rb");
    fseek(【4】, SEEK_END);
    fl=ftell(fp);
    fclose(fp);
    printf("%d\n";fl);
    return 0;
}
```

5. 以下程序用来判断指定文件是否能正常打开，请填空。

```
#include <stdio.h>
int main()
{
    FILE *fp;
    if ((fp=fopen("test.txt", "r"))==【5】)
        printf("未能打开文件!\n");
    else
        printf("文件打开成功!\n");
    return 0;
}
```

## 二、选择题

1. 以下函数不能用于向文件写入数据的是（    ）。

　　A. ftell　　　　　　　B. fwrite　　　　　　C. fputc　　　　　　　D. fprintf

2. 设 fp 已定义，执行语句 "fp=fopen("file", "w");" 后，以下针对文本文件 file 操作叙述的选项中正确的是（    ）。（二级考试真题 2011.3）

　　A. 写操作结束后可以从头开始读　　　　B. 只能写不能读

　　C. 可以在原有内容后追加写　　　　　　D. 可以随意读和写

3. 有以下程序：

```
#include <stdio.h>
int main()
{
    FILE *fp;
    char str[10];
    fp=fopen("myfile.dat","w");
    fputs("abc", fp);
    fclose(fp);
    fp=fopen("myfile.dat","a+");
    fprintf(fp, "%d",28);
    rewind(fp);
    fscanf(fp, "%s",str);
    puts(str);
    fclose(fp);
    return 0;
}
```

程序运行后的输出结果是（　　）。

　　A. abc　　　　　　B. 28c　　　　　　C. abc28　　　　　D. 因类型不一致而出错

4. 有以下程序：

```
#include <stdio.h>
int main()
{
    FILE *fp;
    char *s1="China",*s2="Beijing";
    fp=fopen("abc.dat","wb+");
    fwrite(s2,7,1,fp);
    rewind(fp);
    fwrite(s1,5,1, fp);
    fclose(fp);
    return 0;
}
```

以上程序执行后 abc.dat 文件的内容是（　　）。（二级考试真题 2007.9 ）

　　A. China　　　　　B. Chinang　　　　C. ChinaBeijing　　　D. BeijingChina

5. 读取二进制文件的函数调用形式为：fread(buffer,size,count,fp);，其中 buffer 代表的是（　　）。

　　A. 一个文件指针，指向待读取的文件

　　B. 一个整型变量，代表待读取的数据的字节数

　　C. 一个内存块的首地址，代表读入数据存放的地址

D. 一个内存块的字节数

6. 以下叙述中错误的是（　　）。

　A. gets 函数用于从终端读入字符串

　B. getchar 函数用于从磁盘文件读入字符

　C. fputs 函数用于把字符串输出到文件

　D. fwrite 函数用于以二进制形式输出数据到文件

7. 有以下程序：

```c
#include <stdio.h>
int main()
{
    FILE *fp;
    int k,n,i,a[6]={1,2,3,4,5,6};
    fp=fopen("d2.dat", "w");
    for(i=0;i<6; i++)
        fprintf(fp,"%d\n",a[i]);
    fclose(fp);
    fp=fopen("d2.dat","r");
    for(i=0;i<3; i++)
        fscanf(fp,"%d%d",&k,&n);
    fclose(fp);
    printf("%d,%d\n",k,n);
    return 0;
}
```

程序运行后的输出结果是（　　）。

　A. 1,2　　　　　　B. 3,4　　　　　　C. 5,6　　　　　　D. 123,456

8. 在 C 语言中，对文件操作的一般步骤是（　　）。

　A. 打开文件，操作文件，关闭文件

　B. 操作文件，修改文件，关闭文件

　C. 读/写文件，打开文件，关闭文件

　D. 读文件，写文件，关闭文件

9. 以读/写方式打开一个已有的文本文件 file1，并且已定义 FILE *fp；下面 fopen 函数正确的调用方式是（　　）。

　A. fp=fopen("file1", "r")　　　　　　B. fp=fopen("file1", "r+")

　C. fp=fopen("file1", "rb")　　　　　　D. fp=fopen("file", "w")

10. fread(buf,64,2,fp)的功能是（　　）。

　A. 从 fp 文件流中读出整数 64，并存放在 buf 中

　B. 从 fp 文件流中读出整数 64 和 2，并存放在 buf 中

　C. 从 fp 文件流中读出 64 字节的字符，并存放在 buf 中

　D. 从 fp 文件流中读出 2 个 64 字节的字符，并存放在 buf 中

## 三、程序设计

1. 从键盘输入一个字符串，将其中的小写字母全部转换成大写字母，然后输出到一个磁盘文件"test"中保存，输入的字符串以"!"表示结束。

2. 编程实现将一个名为 old.dat 的文件拷贝到一个名为 new.dat 的新文件中。

3. 编写程序统计文件中的字符个数。

# 第 11 章　预处理命令

## 【知识框架图】

知识框架图如图 2-11-1 所示。

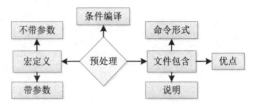

图 2-11-1　知识框架图

## 【知识点介绍】

## 11.1　宏定义

### （一）不带参数的宏定义

#### 1．一般形式

#define 标识符 替换列表

其中标识符也称为宏名。宏定义实现的功能是程序中的所有标识符都直接用替换列表来替换，主要替换列表为表达式，是直接替换，不是用表达式的值替换标识符。

#### 2．注意事项

（1）此处的标识符默认用大写字母表示。

（2）预处理顾名思义是提前处理，所以一般放在程序最前面。

（3）宏名若在程序中用任意符号括起来均不再是宏名。（教材 P239 页例 11.1）

#### 3．示例解析

【示例 11-1】以下程序的输出结果是（　　）。

```c
#include <stdio.h>
#define A 2+3
int main()
{
    int b;
    b=A*A;
    printf("%d\n",b);
    return 0;
}
```

正确答案：11

解析：程序中的语句"b=A*A;"替换为"b=2+3*2+3"，计算结果为 b=2+6+3=11，而不是 b=5*5，这一点一定要特别注意。

【示例 11-2】以下程序的输出结果是（　　）。（二级考试真题 2007.9）

```
#include <stdio.h>
#define M 5
#define N M+M
int main()
{
    int k;
    k=N*N*5;
    printf("%d\n",k);
    return 0;
}
```

正确答案：55

解析：表达式 k=N*N*5 中 N 用 M+M 直接替换，替换结果为 k=M+M*M+M*5，M 用 5 直接替换，结果为 k= 5+5*5+5*5=55。

### （二）带参数的宏定义

#### 1．一般形式

一般形式为：#define　宏名(形参表)　替换列表

#### 2．宏调用

一般形式为：宏名(实参表)

与不带参数宏的实现功能不同的是多了宏调用，宏调用类似于第 7 章一般函数的调用，是将实参的值传递给形参，同时进行宏替换。

#### 3．示例解析

【示例 11-3】以下程序的输出结果是（　　）。

```
#include <stdio.h>
#define Y(n) 3+n
int main()
{
    int z;
    z=2*(2*Y(5));
    printf("%d\n",z);
    return 0;
}
```

正确答案：22

解析：执行语句"z=2*(2*Y(5));"的运算步骤如下。

（1）宏替换，Y(5)直接用 3+n 替换，替换为 z=2*(2*3+n)。

（2）宏调用，将实参 5 传递给形参 n，即 n=5，表达式为 z=2*(2*3+5)，计算结果为 z=22。

【示例 11-4】若将上题宏定义改为：#define Y(n) (3+n)，程序的输出结果是（　　）。

正确答案：32

解析：运算步骤同上。

（1）宏替换，Y(5)直接用(3+n)替换，替换为 z=2*(2*(3+n))。

（2）宏调用，将实参 5 传递给形参 n，即 n=5，表达式为 z=2*(2*(3+5))，计算结果为 z=32。

【示例 11-5】以下程序的输出结果是（　　）。（二级考试真题 2012.3）

```c
#include <stdio.h>
#define S(x) (x)*x*2
int main()
{
  int k=5,j=2;
  printf("%d,",S(k+j ));
  printf("%d\n",S(k-j));
  return 0;
}
```

　　A. 98,18　　　　B. 39,11　　　　C. 39,18　　　　D. 98,11

正确答案：B

解析：运算步骤如下。

（1）宏替换：S(k+j)直接用(x)*x*2 替换，k+j 替换表达式中的 x，替换结果为(k+j)*k+j*2。S(k-j)直接用(x)*x*2 替换，k-j 替换表达式中的 x，替换结果为(k-j)* k-j*2。

（2）计算：将"k=5,j=2"带入（1）中两表达式后，S(k+j)=39，S(k-j)=11。

## 11.2　"文件包含"处理

### （一）文件包含命令的形式

#### 1．两种形式

#include <文件名>

#include "文件名"

通常，若要包含系统文件（如标准库文件）时一般用第一种形式；若要包含自己定义的文件时，该文件又存放在与被处理源程序相同的目录下，用第二种形式。

#### 2．文件包含命令的处理过程

首先查找所需文件，找到后就用该文件的内容取代当前文件里这个包含命令行。替换进来的文件里仍可能有预处理命令，它们也将被处理，如图 2-11-2 所示。A 文件为 file1.c，B 文件为 file1.c，A 文件中用到了 B 文件，只需要在前面加上#include"file2.c 即可。

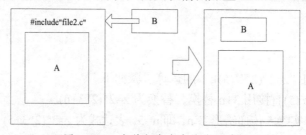

图 2-11-2　文件包含命令的处理过程

### 3．文件包含的优点

文件包含的主要优点是对于共享的数据或函数，可以集中到一个或几个文件中，使用时用#include 将所需文件包含进来即可，从而减少文件的重复定义。

#### （二）说明

（1）文件包含的处理方法。以"#"开头，在预处理阶段系统自动进行处理。

（2）一条#include 命令只能包含一个头文件，如果要包含多个头文件则使用多条#include 命令。

（3）文件包含允许嵌套，即在一个被包含的文件中又可以包含另一个文件。

（4）一般情况下文件包含分为两种：包含.h 文件和包含.c 文件。

## 11.3　条件编译

条件编译：某些语句行在某些条件满足的情况下才进行编译。

条件编译命令的三种形式中需要注意的是，第一种形式用到#ifdef 命令，第二种形式用到#ifndef 命令，功能正好相反。

## 【重点难点分析】

本章需要重点掌握预处理的基本概念；掌握宏定义的形式（带参数的宏定义、不带参数的宏定义）；掌握文件包含的形式和应用；了解条件编译的定义形式和应用。难点是带参数的宏定义，文件包含的应用。

## 【部分课后习题解析】

1. 宏替换是直接替换，此题注意是 20+30 直接替换表达式中的 B。

3. 带参数的宏定义，形参 x 用 1+2 替换，注意不是 3 替换 x。

4. 带参数的宏定义，实参 x、y 的值 3、4 传递给形参 a、b，(a>b)?a:b 这个表达式是条件表达式，a>b 为真结果为 a，否则结果为 b。

5. A 由 3+2 而不是 5 替换，B 即是 3+2*3+2，B/B=3+2*3+2/3+2*3+2。

6. 带参数的宏定义，分别用三个实参替换形参 A、B、c。(A)?(B):(c)是条件表达式，A 为真结果为 B，否则结果为 c。

7. 宏定义可以定义多条语句，在宏调用时，把这些语句替换到源程序内。

参考程序：

```
#include <stdio.h>
#define swap(a,b,t) t=a;a=b;b=t
int main()
{
    int a,b;
    int t;
    scanf("%d%d",&a,&b);
    swap(a,b,t);
    printf("%d %d\n",a,b);
```

```
        return 0;
    }
```

9. 既有带参数的宏定义，又有条件编译。

```
#define XY(X) X?1:0
#include <stdio.h>
int main()
{
    char s[]={"1234567890"},*p=s;          //指针 p 指向数组始址
    int i=0;
    do
    {
        printf("%c",*(p+i));               //输出指针(p+i)所指字符
        #if XY(1)                          //实参始终为 1，传递给形参 X，表达式 X?1:0 结果始终是 1
            i+=2;                          //每次条件编译都为真，每次都执行 i+=2
        #else
            i++;
        #endif
    }while(i<10);
    return 0;
}
```

所以程序的运行结果是："13579"。

11. 参考程序：

```
#include <stdio.h>
#define MAX(a,b,c)   (a>b?(a>c?a:c):(b>c?b:c))
float fun(float a,float b,float c)
{
    float max=a;
    if(b>max)
        max=b;
    if(c>max)
        max=c;
    return max;
}
int main()
{
    float a,b,c;
    scanf("%f %f %f",&a,&b,&c);
    printf("%.3f\n",fun(a,b,c));
    printf("%.3f",MAX(a,b,c));
    return 0;
```

```
}
```

# 【练习题】

1. C 语言的编译系统对宏命令是（　　）。

　　A. 在程序运行时进行代换处理的

　　B. 在程序连接时进行处理的

　　C. 和源程序中其他 C 语句同时进行编译的

　　D. 在对源程序中其他成分正式编译之前进行处理的

2. 以下正确的描述为（　　）。

　　A. 每个 C 语言程序必须在开头用预处理命令：#include <stdio.h>

　　B. 预处理命令必须位于 C 源程序的首部

　　C. 在 C 语言中预处理命令都以 "#" 开头

　　D. C 语言的预处理命令只能实现宏定义和条件编译的功能

3. 下列程序执行后，输出的结果是（　　）。

```
#include <stdio.h>
#define EX(y) 3.66+y
#define PRINT(x) printf("%d",(int)(x))
int main()
{
    int m=4;
    PRINT(EX(5)*m);
    return 0;
}
```

　　A. 23　　　　　　B. 20　　　　　　C. 10　　　　　　D. 0

4. 设有以下宏定义：

```
#define N 3
#define Y(n) ((N+1)*n)
```

执行语句 "z=2*(N+Y(5+1));" 后，z 的值为（　　）。

　　A. 出错　　　　　B. 42　　　　　　C. 48　　　　　　D. 54

5. 下列程序执行后，输出的结果是（　　）。

```
#include <stdio.h>
#define SQR(x) x*x
int main()
{
    int a=10,k=2,m=1;
    a/=SQR(k+m)/SQR(k+m);
    printf("%d",a);
    return 0;
}
```

    A. 10          B. 1          C. 9          D. 0

6. 下列程序执行后，输出的结果是（　　）。

```
#include <stdio.h>
#define N 2
#define M N+2
#define CUBE(x) (x*x*x)
int  main()
{
  int j;  j=M;
  j =CUBE(j);
  printf("%d\n",j);
  return 0;
}
```

    A. 8          B. 10          C. 12          D. 64

7. 设有以下宏定义：

```
#define S(x) x/x
int a=4,b=3,area;
```

执行语句 "area=S(a+b);" 后，area 的值为（　　）。

    A. 1          B. 4          C. 7          D. 8

8. 若有以下宏定义：#define N 3;，执行语句 "i=N*3;" 后，i 的值是（　　）。

    A. 3          B. 6          C. 9          D. 以上选项都不对

9. 若有以下宏定义：

```
#define X 5
#define Y X+1
#define Z Y*X/2
```

则执行以下 printf 语句后，输出结果是（　　）。

```
int a=Y;
printf("%d,",Z);
printf("%d\n",--a);
```

    A. 7,6          B. 12,6          C. 12,5          D. 7,5

10. 若有以下宏定义：

```
#define N 2
#define Y(n) ((N+1)*n)
```

则执行语句 "z=2*(N+Y(5));" 后的结果是（　　）。

    A. 语句有错误      B. z=34          C. z=70          D. z 无定值

11. 若有以下宏定义：#define MOD(x,y) x%y，则执行以下语句后，输出结果是（　　）。

```
int z,a=15,b=100;
z=MOD(b,a);
printf("%d\n",z++);
```

    A. 11          B. 10          C. 6          D. 宏定义不合法

12. 以下程序的运行结果是 ( )。

```
#include <stdio.h>
#define MAX(A,B) (A)>(B)?(A):(B)
#define PRINT(Y) printf("Y=%d\n",Y)
int main()
{
    int a,b,c,d,t;
    a=1;b=2;c=3;d=4;
    t=MAX(a+b,c+d);
    PRINT(t);
    return 0;
}
```

    A. Y=3       B. 存在语法错误       C. Y=7       D. Y=0

13. 为了求 i 的 3 次方，请选择一个表达式填入以下程序，使程序可以正确运行。

```
#include <stdio.h>
#define CUBE(x) (x*x*x)
int main()
{
    int i=4;
    printf("%d\n",CUBE(    ));
    return 0;
}
```

    A. i*i*I       B. x*x*x         C. x         D. i

# 第12章 位运算

## 【知识框架图】

知识框架图如图 2-12-1 所示。

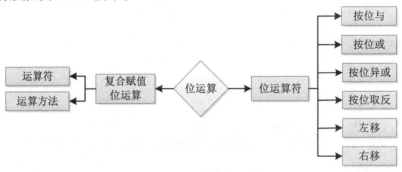

图 2-12-1　知识框架图

## 【知识点介绍】

### 12.1　位运算符和位运算

C 语言提供了~、<<、>>、&、^、| 6 种位运算符，<<=、>>=、&=、^=、|=5 种复合运算符。其中只有 "~" 为单目运算符，其余全为双目运算符。运算对象只能是整型或字符型的数据，不能为实型数据。

**（一）位运算符**

**1．按位与运算(&)**

按位与运算只有当对应的两个二进制位均为 1 时，结果位才为 1，否则为 0。注意参与运算的数据以二进制的补码形式出现。

（1）运算规则：0&0=0　　　0&1=0　　　1&0=0　　　1&1=1

（2）示例。

【示例 12-1】请写出 9&–4 的补码按位与运算结果。

```
      00001001                    （9 的二进制补码）
  &   11111100                    （–4 的二进制补码）
      00001000                    （8 的二进制补码）
```

（3）用途：特定位清零和保留指定位。

**2．按位或运算（|）**

按位或运算只要对应的两个二进制位有一个为 1 时，结果位就为 1。参与运算的两个数均以补码出现。

（1）运算规则：0|0=0　　　0|1=1　　　1|0=1　　　1|1=1

（2）示例。

【示例 12-2】请写出 9 和-4 的补码按位或运算结果。

```
   00001001                    （9 的二进制补码）
 | 11111100                    （-4 的二进制补码）
   11111101                    （-3 的二进制补码）
```

（3）用途：将数据的某些特定位值设置为 1，其余各位不变。

### 3．按位异或运算（^）

按位异或运算当对应的二进制位相异时，结果为 1，否则为 0。参与运算的数仍以补码出现。

（1）运算规则：0^0=0    0^1=1    1^0=1    1^1=0

（2）示例。

【示例 12-3】请写出 9 和-4 的补码按位异或运算结果。

```
   00001001                    （9 的二进制补码）
 ^ 11111100                    （-4 的二进制补码）
   11110101                    （-11 的二进制补码）
```

（3）用途：用"1"使特定位翻转和不需要临时变量就可实现两个数的交换。

### 4．按位取反运算（~）

按位取反运算是对一个二进制数的每一位都取反，即 0 变 1，1 变 0。它是单目运算符，优先级比所有双目运算符都高，右结合性。

### 5．左移运算（<<）

（1）功能。

左移运算符"<<"是用来将一个数的各二进制位全部左移若干位，左移时高位丢弃，低位补 0。

（2）一般格式。

表达式1<<表达式2

实现将表达式 1 向左移表达式 2 位。

（3）计算方法。

二进制数左移 1 位后结果为原数的 2 倍，左移 2 位后结果为原数的 $2^2$ 倍，……，左移 n 位后结果为原数的 $2^n$ 倍，计算方法参考十进制的左移，举一反三。

### 6．右移运算（>>）

（1）功能。

右移运算符">>"是用来将一个数的各二进制位全部右移若干位，需要注意对于有符号数和无符号数的右移是不同的。无符号数直接右移即可。有符号数右移时，符号位将随同移动，当为正数时，最高位补 0，而为负数时，符号位为 1，最高位是补 0 还是补 1 取决于编译系统的规定。Turbo C 和很多系统都规定为补 1。

（2）一般格式。

表达式1>>表达式2

实现将表达式 1 向右移表达式 2 位。

（3）计算方法。

二进制数右移 1 位后结果为原数/2，右移 2 位后结果为原数/$2^2$，……，右移 n 位后结果为原数/$2^n$，计算方法同样参考十进制的右移，举一反三。

因为位运算比"/"运算快,所以可对表达式"x=x/2"进行优化,优化为表达式"x=x>>1"。

### (二)示例

【示例 12-4】计算 2>>1 的值。

解析:整数 2 的补码为 00000010,右移 1 位结果为 00000001,即 1 的补码。所以 2>>1 的值是 1。

【示例 12-5】计算负数 10100110>>5 的值,则得到的是 11111101。

解析:10100110 是负数,说明是有符号数,是十进制数–90 的补码,右移 5 位,最高位全补 1,结果是 11111101,是十进制数–3 的补码。所以 10100110>>5 的值是–3。

## 12.2　复合赋值运算符

### (一)五种运算符

位运算符和赋值运算符"="组合成复合赋值运算符,总共有 5 种:

a&=b 即 a=a&b　　a^=b 即 a=a^b　　a|=b 即 a=a|b　　a<<=2 即 a=a<<2　　a>>=2 即 a=a>>2

### (二)示例

【示例 12-6】char a=2,b=4,求表达式 a&=b 的值。

解析:a&=b 等价于 a=a&b,a 与 b 的二进制补码进行按位与运算:

```
    00000010          (2 的二进制补码)
&   00000100          (4 的二进制补码)
    00000000
```

结果为 0。

## 【重点难点分析】

本章需要重点掌握 6 种位运算符及运算规则。难点是位运算的运算规则。

## 【部分课后习题解析】

1. 先分别表示出 a、b 的二进制的补码形式,然后按照运算符优先级由高到低进行运算,此题中运算顺序是>>、^、=。

2. 此题需要掌握右移的计算方法,二进制数右移 1 位后结果为原数/2,右移 2 位后结果为原数/$2^2$,……,右移 n 位后结果为原数/$2^n$。

3. 同上题。

4. 二进制数左移 1 位后结果为原数的 2 倍,左移 2 位后结果为原数的 $2^2$ 倍,……,左移 n 位后结果为原数的 $2^n$ 倍,计算方法参考十进制的左移,举一反三。

5. 按位与的用途:特定位清零和保留指定位。

参考程序:

```
#include<stdio.h>
int main()
{
    int a,b,c,d;
    scanf("%o",&a);
```

```
    b=a>>4;                        //将 a 右移 4 位
    c=~(~0<<6);                    //c 最后 6 位全为 1，其余位全为 0
    d=b&c;                         //按位与运算规则：与 0 按位与清零，与 1 按位与则保留原值
    printf("%o,%d\n%o,%d\n",a,a,d,d);
    return 0;
}
```

6. 参考程序：

```
#include<stdio.h>
int main()
{
    int a,b,i;
    printf("请输入一个正整数:");
    scanf("%d",&a);
    b=1<<15;                       //构造一个最高位为 1、其余各位为 0 的整数
    printf("%d=",a);
    for(i=1;i<=16;i++)
    {   putchar(a&b?'1':'0');      //输出最高位的值（1/0）
        a<<=1;                     //将次高位移到最高位上
        if(i%4==0)
            putchar(' ');          //四位一组用空格分开
    }
    printf("\bB\n");
    return 0;
}
```

## 【练习题】

### 一、填空题

1. 与表达式 a&=b 等价的另一种书写形式是_____。

2. 以下程序段的输出结果是_____。
```
int a=1,b=2;
if(a&b) printf("***\n");
else printf("$$$\n");
```

3. 以下程序段的输出结果是_____。
```
int a=-1;
a=a|0377;
printf("%d,%o\n",a,a);
```

4. 以下程序段的输出结果是_____。
```
int m=20,n=025;
if(m^n) printf("mmm\n");
else printf("nnn\n");
```

5. 以下程序段的输出结果是_____。

```
int x=1;
printf("%d\n",~x);
```

6. 以下程序段的输出结果是_____。

```
unsigned a,b;
a=0x9a;
b=~a;
printf("a:%x,b:%x\n",a,b);
```

7. 以下程序段的输出结果是_____。

```
char a=-8;
unsigned char b=248;
printf("%d,%d",a>>2,b>>2);
```

8. 以下程序段的输出结果是_____。

```
unsigned char a,b;
a=0x1b;
printf("0x%x\n",b=a<<2);
```

9. 若 x=0123，则表达式(5+(int)(x))&(~2)的值是_____。

10. 设 int b=2;，表达式(b<<2)/(b>>1)的值是_____。

11. 以下程序段的输出结果是_____。

```
int x=040;
printf("%o",x<<1);
```

## 二、选择题

1. 变量 a 中的数据用二进制的补码表示的形式是 01011101，变量 b 中的数据用二进制的补码表示的形式是 11110000。若要求将 a 的高 4 位取反，低 4 位不变，所要执行的运算是（ ）。

    A．a^b            B．a|b            C．a&b            D．a<<4

2. 有以下程序段：

```
char a=4;
printf("%d\n",a=a<<1);
```

运行结果是（ ）。

    A．40           B．16            C．8            D．4

3. 有以下程序段：

```
unsigned char a,b,c;
a=0x3;
b=a|0x8;
c=b<<1;
printf("%d %d\n",b,c);
```

运行后的输出结果是（ ）。

    A．-11 12       B．-6 -13       C．12 24       D．11 22

4. 整型变量 X 和 Y 的值相等，且为非 0 值，则以下选项中结果为 0 的表达式是（ ）。

    A．X||Y          B．X|Y          C．X&Y          D．X^Y

5. 有以下程序段：

    unsigned char a=2,b=4,c=5,d;

    d=a|b;

    d&=c;

    printf("%d\n",d);

运行后的输出结果是（    ）。

    A. 3              B. 4              C. 5              D. 6

6. 设有以下语句：int a=1,b=2,c; c=a^(b<<2);，执行后，c 的值为（    ）。

    A. 6              B. 7              C. 8              D. 9

7. 以下程序段的功能是进行位运算：

    unsigned char a,b;

    a=7^3;

    b=~4&3;

    printf("%d %d\n",a,b);

程序运行后的输出结果是（    ）。

    A. 4 3            B. 7 3            C. 7 0            D. 4 0

8. 有以下程序段：

    unsigned char a,b;

    a=4|3;

    b=4&3;

    printf("%d %d\n",a,b);

执行后输出结果是_____。

    A. 7 0            B. 0 7            C. 1 1            D. 43 0

9. 设有以下语句

    char a=3,b=6,c;

    c=a^b<<2;

则 c 的二进制值是（    ）。

    A. 00011011      B. 00010100      C. 00011100      D. 00011000

10. 有以下程序段：

    int x=3, y=2, z=1;

    printf("%d\n",x/y&~z);

运行后的输出结果是（    ）。

    A. 3              B. 2              C. 1              D. 0

11. 有以下程序段：

    int x=3, y=2, z=1;

    printf("%d\n",x/y&~z);

程序运行后的输出结果是（    ）。

    A. 3              B. 2              C. 1              D. 0

12. 有以下程序段：

    unsigned char a,b;

```
a=3|2;
b=3&2;
printf("%d %d\n",a,b);
```

执行后输出结果是（　　）。

  A．1 1    B．3 2    C．0 0    D．3 1

13．有以下程序段

```
unsigned char a=2,b=4,c=5,d;
d=a|b;
d&=c;
printf("%d\n",d);
```

程序运行后的输出结果是（　　）。

  A．3    B．4    C．5    D．6

# 软件工程基础知识

## 【知识框架图】

知识框架图如图 3-1 所示。

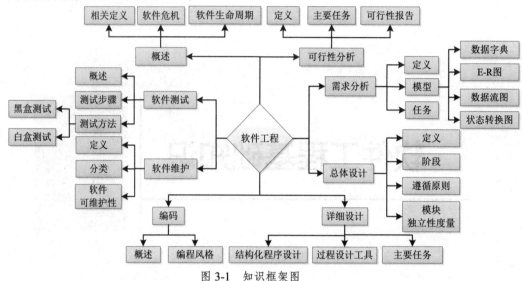

图 3-1　知识框架图

## 【知识点介绍】

## 一、软件工程概述

### （一）软件和软件工程

**1. 软件**

软件是计算机系统中与硬件相互依存的另一部分，它是包括程序、数据及其相关文档的完整集合。

**2. 软件工程**

软件工程是指导计算机软件开发和维护的工程学科。它采用工程的概念、原理、技术和方法来开发与维护软件，把经过时间考验而证明正确的管理技术和当前能够得到的最好的技术方法结合起来。

### （二）软件危机

**1. 软件危机的定义**

软件危机是指在计算机软件的开发和维护过程中所遇到的一系列严重问题。主要有两个问题：

（1）如何开发软件，怎样满足对软件日益增长的需求。

（2）如何维护数量不断膨胀的已有软件。

**2. 产生软件危机的原因**

（1）与软件本身的特点有关：软件不同于硬件，它是计算机系统的逻辑部件而不是物理部件。在写出程序代码并在计算机中运行之前，软件开发过程的进展情况较难衡量，软件开发的质量也较难评价。因此，管理和控制软件开发过程相当困难。

（2）软件不易于维护：软件维护通常意味着改正或修改原来的设计，客观上使软件较难维护。软件不同于一般程序，它的规模大，不易于维护。

（3）在软件开发过程中，或多或少地采用了错误的方法和技术。

（4）对用户需求没有完整准确的认识，就匆忙着手编写程序。

### （三）软件生命周期

软件生命周期一般分为：软件定义（问题定义、可行性研究、需求分析）、软件开发（总体设计、详细设计、编码、测试）和软件的使用与维护三个时期八个阶段。

#### 1．软件定义

（1）问题定义：要解决什么问题？

（2）可行性研究："上一个阶段所确定的问题是否有行得通的解决办法"，目的是用最小的代价在尽可能短的时间内确定问题是否能够解决。

（3）需求分析："系统必须做什么"，对于开发软件提出的需求进行分析并给出详细的定义、编写软件需求规格说明书、提交管理机构评审。

#### 2．软件开发

（1）总体设计：把各项需求转换成软件的体系结构。结构中每一个组成部分都是意义明确的模块，每个模块都和某些需求相对应。

（2）详细设计：对每个模块要完成的工作进行具体的描述，为源程序编写打下基础，编写设计说明书，提交评审。

（3）编码：把软件设计转换成计算机可以接收的程序代码，即写成以某一种特定程序设计语言表示的"源程序清单"，写出的程序应当是结构良好、清晰易读，且与设计相一致的。

（4）软件测试：

● 　单元测试：查找各模块在功能和结构上存在的问题并加以纠正。

● 　组装测试：将已测试过的模块按一定顺序组装起来，按规定的各项需求，逐项进行有效性测试，判定已开发的软件是否合格，能否交付用户使用。

#### 3．软件的使用与维护

（1）改正性维护：指运行中发现了软件中的错误需要修正。

（2）适应性维护：指为了适应变化了的软件工作环境，需做适当变更。

（3）完善性维护：指为了增强软件的功能需做变更。

## 二、可行性分析

### （一）概述

#### 1．定义

可行性分析是解决一个项目是否有可行解以及是否值得去解的问题。

#### 2．主要任务

该阶段的主要任务就是用最小的代价在尽可能短的时间内确定问题是否能够得到解决。具体地说，分析员应从下面三个方面对项目做出可行性分析：

（1）技术可行性：使用现有的技术能实现这个系统目标吗？

（2）经济可行性：这个系统的经济效益能超过它的开发成本吗？

（3）操作可行性：系统的操作方式在该用户组织内行得通吗？必要时还应该从法律、

社会效益等更广泛的角度进一步研究每种解法的可行性，计算成本/进行效益分析。

### （二）可行性报告

#### 1．主要内容

（1）项目的背景：问题描述、实现环境和限制条件等。

（2）管理概要与建议：重要的研究结果（结论）、说明、劝告和影响等。

（3）推荐的方案（不止一个）：候选系统的配置与选择最终方案的原则。

（4）简略的系统范围描述：分配元素的可行性。

（5）经济可行性分析结果：经费概算和预期的经济效益等。

（6）技术可行性（技术风险评价）分析结果：技术实力分析、已有的工作及技术基础和设备条件等。

（7）法律可行性分析结果。

（8）可用性评价：汇报用户的工作制度和人员的素质，确定人机交互功能界面需求。

（9）其他项目相关的问题：如可能会发生的变更等。

#### 2．要点

可行性研究报告由系统分析员撰写，交由项目负责人审查，再上报给上级主管审阅。在可行性研究报告中，应当明确项目"可行还是不可行"，如果认为可行，接下来还要制定项目开发计划书。

## 三、软件需求分析

### （一）定义

软件需求分析指准确地定义未来系统的目标，确定为了满足用户的需求系统必须做什么。用《需求规格说明书》规范的形式准确地表达用户的需求。

### （二）任务

软件需求分析的主要任务为：确定对系统的综合要求、分析系统的数据要求、导出系统的逻辑模型、修正系统开发计划。

#### 1．确定对系统的综合要求

（1）功能需求：指定系统必须提供的服务。通过需求分析应该划分出系统必须完成的所有功能。

（2）性能需求：指定系统必须满足的定时约束或容量约束，通常包括速度（响应时间）、信息量速率、主存容量、磁盘容量、安全性等方面的需求。

（3）可靠性和可用性需求：定量地指定系统的可靠性。

（4）出错处理需求：说明系统对环境错误应该怎样响应。

（5）接口需求：描述应用系统与它的环境通信的格式。常见的接口需求有：用户接口需求、硬件接口需求、软件接口需求和通信接口需求。

（6）约束：设计约束或实现约束，描述在设计或实现应用系统时应遵守的限制条件。常见的约束有：精度、工具和语言约束，设计约束，应该使用的标准和应该使用的硬件平台。

（7）逆向需求：说明软件系统不应该做什么。

（8）将来可能提出的要求：应该明确地列出那些虽然不属于当前系统开发范畴，但是根据分析将来很可能会提出来的要求。

**2．分析系统的数据要求**

分析系统的数据要求，这是软件需求分析的一个重要任务。分析系统的数据要求通常采用建立数据模型的方法（E-R 图、数据字典、层次方框图、Wariner 图等工具）。

**3．导出系统的逻辑模型**

综合上述两项分析的结果可以导出系统的详细的逻辑模型，通常用数据流图、实体–联系图、状态转换图、数据字典和主要的处理算法描述这个逻辑模型。

**4．修正系统开发计划**

根据在分析过程中获得的对系统更深入更具体地了解，可以比较准确地估计系统的成本和进度，修正以前制定的开发计划。

**（三）模型**

**1．定义**

所谓模型，就是为了理解事物而对事物做出的一种抽象，是对事物的一种无歧义的书面描述。通常，模型由一组图形符号和组织这些符号的规则组成。模型化或模型方法是通过抽象、概括和一般化，把研究的对象或问题转化为本质（关系或结构）相同的另一对象或问题，从而加以解决的方法。

**2．常用模型**

（1）数据字典。

数据字典（DD，Data Dictionary），是对所有与系统相关的数据元素的一个有组织的列表，以及精确的、严格的定义，使得用户和系统分析员对于输入、输出、存储成分和中间计算有共同的理解。数据字典是结构化分析方法中采用的表达数据元素的工具，它对数据流图中所有自定义的数据元素、数据结构、数据文件、数据流等进行严密而精确的定义。

（2）实体–关系图（E-R 图）。

实体–关系图描述数据对象间的关系，是用来进行数据建模活动的。

（3）数据流图。

数据流图指明数据在系统中移动时如何被变换，描述对数据流进行变换的功能（和子功能），它可以用于信息域的分析，作为功能建模的基础。

（4）状态转换图。

状态转换图指明系统将如何动作，表示系统的各种行为模式（称为"状态"），以及在状态间进行变迁的方式。它可以作为行为建模的基础。

# 四、总体设计

**（一）概念**

**1．定义**

总体设计（也称概要设计）确定软件的结构以及各组成成分（子系统或模块）之间的相互关系。

**2．阶段**

（1）系统设计阶段，确定系统的具体实现方案。

（2）结构设计阶段，确定软件结构。

（3）设想供选择的方案、选取合理的方案、推荐最佳方案、功能分解、设计软件结构、设计数据库、制订测试计划、书写文档、审查和复查。

### 3．遵循的原则

（1）模块化。

模块是由数据说明、可执行语句等程序对象构成并执行相对独立功能的逻辑实体，它可以单独命名而且可以实现按名访问。例如，过程、函数、子程序、宏等，都可以看作模块。模块化是指把大型软件按照规定的原则划分为一个个较小的、相对独立但又相关的模块。模块化是一种"分而治之，各个击破"式的问题求解方式，它降低了问题的复杂程度，简化了软件的设计过程。

（2）抽象。

软件系统进行模块设计时，可有不同的抽象层次。抽象是人类特有的一种思维方法，其原理是从事物的共性中抽取出所关注的本质特征而暂时忽略事物的有关细节。

（3）逐步求精。

为了能集中精力解决主要问题而尽量推迟对问题细节的考虑。事实上，可以把它看作是一项把一个时期内必须解决的种种问题按优先级排序的技术。

（4）信息隐藏和局部化。

模块所包含的信息，不允许其他不需要这些信息的模块访问，独立的模块间仅仅交换为完成系统功能而必须交换的信息。目的是提高模块的独立性，减少修改或维护时的影响面，把关系密切的软件元素物理地放得彼此靠近。优点是可维护性好、可靠性好、可理解性好。

（5）模块独立。

所谓模块独立是指模块完成它自身规定的功能而与系统中其他模块保持一定的相对独立。主要是指模块完成独立的功能、符合信息隐蔽和信息局部化原则、模块间关联和依赖程度尽量减小。

### （二）模块独立性度量

模块独立性取决于模块的内部和外部特征。SD储量计算法（SD method，简称SD法）提出的定性的度量标准是模块之间的耦合性和模块自身的内聚性。

### 1．耦合

耦合是模块之间的互相连接的紧密程度的度量，是影响软件复杂程度和设计质量的重要因素。

### 2．内聚

内聚是模块功能强度（一个模块内部各个元素彼此结合的紧密程度）的度量。

模块独立性比较强的模块应是高内聚低耦合的模块。耦度由低到高依次为：无直接耦合、数据耦合、标记耦合、控制耦合、外部耦合、公共耦合和内容耦合。

## 五、详细设计

### （一）概述

详细设计阶段是逻辑上将系统的每个功能都设计出来，并保证设计出的处理过程应该尽可能的简明易懂。

### 1．结构化程序设计

如果一个程序的代码块仅仅通过顺序、选择和循环这三种基本控制进行连接，并且只有一个入口和一个出口，则称这个程序是结构化的。

### 2．过程设计工具

（1）程序流程图。

程序流程图又称为程序框图，它是使用最广泛的描述过程设计的方法。

（2）盒图。

盒图又称为 N-S 图，是一种严格遵循结构程序设计精神的图形工具。

（3）PAD 图。

PAD 图（Problem Analysis Diagram，又称为问题分析图），使用二维树形结构图来表示程序的控制流。

（4）判定表。

判定表能够简洁而无歧义地描述复杂的条件组合与应做的动作的对应关系。

（5）判定树。

判定树是判定表的变种，它也能清晰地表示复杂的条件组合与应做的动作之间的对应关系，同时判定树比判定表的形式简单，让人很容易看出其含义。

（6）过程设计语言。

过程设计语言（Process Design Language，PDL，又称为伪码），它具有严格的关键字外部语法，用于定义控制结构和数据结构。

（7）流图。

流图实际上是程序流程图的简化版，它仅仅描绘程序的控制流程，完全不表现对数据的具体操作以及分支和循环的具体条件。流图包含 3 个元素：结点、区域和控制流。

### （二）详细设计的主要任务

#### 1．确定每个模块的具体算法

根据体系结构设计所建立的系统软件结构，为划分的每个模块确定具体的算法，并选择某种表达工具将算法的详细处理过程描述出来。

#### 2．确定每个模块的内部数据结构及数据库的物理结构

为系统中的所有模块确定并构造算法实现所需的内部数据结构；根据前一阶段确定的数据库的逻辑结构，对数据库的存储结构、存取方法等物理结构进行设计。

#### 3．确定模块接口的具体细节

按照模块的功能要求，确定模块接口的详细信息，包括模块之间的接口信息、模块与系统外部的接口信息及用户界面等。

#### 4．为每个模块设计一组测试用例

由于负责详细设计的软件人员对模块的实现细节十分清楚，因此由他们在完成详细设计后提出模块的测试要求是非常恰当和有效的。

#### 5．编写文档，参加复审

详细设计阶段的成果主要以详细设计说明书的形式保留下来，在通过复审对其进行改进和完善后作为编码阶段进行程序设计的主要依据。

## 六、编码

### （一）概述

#### 1．编码的定义

编码即把软件设计转换成计算机可以接收的程序代码。

#### 2．选择合适的编程语言

为开发一个特定项目选择程序设计语言时，必须从技术特性、工程特性和心理特性几个方面考虑。在选择语言时，从问题入手，确定它的要求是什么，以及这些要求的相对重要性。选择易学、使用方便的编程语言，有利于减少出错的概率和提高软件的可靠性。

#### 3．编码应当遵循的原则

以下从三个方面介绍一些编码的指导性原则：

（1）控制结构。

要使程序容易阅读；根据模块化的块来构建程序；不要让代码太过特殊，也不要太过普通；用参数名和注释来展现构件之间的耦合度；构件之间的关系必须是可见的。

（2）算法。

注重性能和效率，但不应该忽略代码更快运行可能伴随的一些隐藏代价，不要牺牲代码的清晰性和正确性来换取速度。

（3）数据结构。

保持程序简单，用数据结构来决定程序结构。

### （二）编程风格

编程风格是在不影响软件性能的前提下，有效地组织和编写程序，提高软件的易读性、易测试性和易维护性。

#### 1．源程序文档化

（1）标识符的命名。

名字不是越长越好，应当选择精练的、意义明确的名字。必要时可使用缩写名字，但这时要注意缩写规则要一致，并且要给每一个名字加注释。同时，在一个程序中，一个变量只应用于一种用途。

（2）安排注释。

夹在程序中的注释是程序员与日后的程序读者之间通信的重要手段。注释决不是可有可无的。一些正规的程序文本中，注释行的数量占到整个源程序的 1/3 到 1/2，甚至更多。

（3）程序的视觉组织。

恰当地利用空格，可以突出运算的优先性，避免发生运算的错误。对于选择语句和循环语句，把其中的程序段语句向右做阶梯式移行，使程序的逻辑结构更加清晰。

#### 2．语句结构

在设计阶段确定了软件的逻辑流结构，但构造单个语句则是编码阶段的任务。语句构造力求简单、直接，不能为了片面追求效率而使语句复杂化。另外，程序编写首先应当考虑清晰性，不要刻意追求技巧性，使程序编写得过于紧凑。

#### 3．输入／输出方法

输入和输出信息是与用户的使用直接相关的。输入和输出的方式和格式应当尽可能方便用户的使用。一定要避免因设计不当给用户带来的麻烦。因此，在软件需求分析阶段和设计阶段，就应基本确定输入和输出的风格。系统能否被用户接受，有时就取决于输入和输出的风格。

## 七、软件测试

### （一）概述

#### 1．软件测试的定义

软件测试是检测程序的执行过程，目的在于发现错误。一个好的测试用例在于尽可能发现至今未发现的错误。

#### 2．测试人员在软件开发过程中的任务

（1）尽可能早地找出系统中的 Bug。

（2）避免软件开发过程中缺陷的出现。

（3）衡量软件的品质，保证系统的质量。

（4）关注用户的需求，并保证系统符合用户需求。

### （二）软件测试步骤

#### 1．模块测试

也称为单元测试，是指把每个模块作为一个单独的实体来测试，通常比较容易设计的是检验模块正确性的测试方案，目的是保证每个模块作为一个单元能正确运行，所发现的往往是编码和详细设计的错误。

#### 2．子系统测试

把经过单元测试的模块放在一起形成一个子系统来测试，模块相互间的协调和通信是这个测试过程中的主要问题，因此，这个步骤着重测试模块的接口。

#### 3．系统测试

把经过测试的子系统装备成一个完整的系统来测试。在这个过程中不仅应该发现设计和编码的错误，还应该验证系统确实能提供《需求规格说明书》中指定的功能，而且系统的动态特性也应符合预定要求。发现的往往是软件设计中的错误，也可能发现需求说明中的错误。

#### 4．验收测试

把软件系统作为单一的实体进行测试，测试内容与系统测试基本类似，但它是在用户积极参与下进行的，且可能主要使用实际数据进行测试。目的是验证系统确实能够满足用户的需要，发现的往往是系统《需求规格说明书》中的错误，又称确认测试。

#### 5．平行测试

同时运行新开发出来的系统和将被它取代的旧系统，以便比较两个系统的处理结果。

### （三）软件测试方法

#### 1．黑盒测试

这种方法是把测试对象看作一个黑盒子，测试人员完全不考虑程序内部的逻辑结构和内部特性，只依据程序的《需求规格说明书》，检查程序的功能是否符合它的功能说明。黑盒测试又叫作功能测试或数据驱动测试。

#### 2．白盒测试

此方法把测试对象看作一个透明的盒子，它允许测试人员利用程序内部的逻辑结构及有

关信息，设计或选择测试用例，对程序所有逻辑路径进行测试。通过在不同点检查程序的状态，确定实际的状态是否与预期的状态一致。因此白盒测试又称为结构测试或逻辑驱动测试。

## 八、软件维护

### （一）概述

#### 1．软件维护的定义

软件维护是软件的开发工作完成以后在用户使用期间对软件所做的补充、修改和增加工作。

#### 2．分类

维护工作分成以下四类：

（1）纠错性维护。

（2）适应性维护。

（3）改善性维护。

（4）预防性维护。

### （二）软件的可维护性

#### 1．影响因素

软件的易理解性、易测试性和易修改性是决定软件可维护性的基本因素。

#### 2．提高软件可维护性的方法

（1）建立明确的软件质量目标和优先级。

（2）使用提高软件质量的技术和工具。

（3）进行明确的质量保证审查。

（4）选择可维护的程序设计语言。

（5）改进程序的文档。

## 【练习题】

1. 软件开发的结构化设计（SD）方法，全面指导模块划分的最重要原则应该是（　　）。

　A. 模块高内聚　　　　　B. 模块低耦合　　　　C. 模块独立性　　　　D. 程序模块化

2. 下列哪一项不是软件危机的表现形式？（　　）

　A. 软件需求定义不明确，易偏离用户需求

　B. 软件生产成本高，价格昂贵

　C. 软件的可维护性差

　D. 系统软件与应用软件的联系越来越困难

3. 下列叙述中不是关于有利于软件可维护性的描述是（　　）。

　A. 在进行需求分析时应考虑维护问题

　B. 使用维护工具和支撑环境

　C. 在进行总体设计时，应加强模块之间的联系

　D. 重视程序结构的设计，使程序具有较好的层次结构

4. 软件设计包括总体设计和详细设计两部分，下列陈述中哪个是详细设计的内容？（　　）

　A. 软件结构　　　　　　B. 模块算法　　　　　C. 制订测试计划　　　D. 数据库设计

5. 软件测试中设计测试实例（Test Case）主要由输入数据和（　　）两部分组成。

　A. 测试规则　　　　　B. 测试计划　　　　C. 预期输出结果　　D. 以往测试记录分析

6. 结构化分析方法以数据流图、（　　）和加工说明等描述工具，即用直观的图和简洁的语言来描述软件系统模型。

　A. DFD 图　　　　　　B. PAD 图　　　　　C. IPO 图　　　　　　D. 数据字典

7. 决定软件可维护性的主要因素可概括为_____、_____、_____。

8. 耦合度表示中，最弱的耦合形式是_____。

9. 在结构化分析中，_____用于详细地定义数据流图中的成分。

10. _____测试解决的主要问题是模块间接口和连接的测试。

练习题答案

附 录

# 第一部分练习题答案

1~5：CCAAA  6~10：CAABB  11~15：CDBCB  16~20：CACAA

# 第二部分练习题答案

## 第1章

**一、填空题**

1. 符号语言、高级语言  2. 函数、main()  3. 目标程序、可执行程序

**二、选择题**

1~5：CCBBC  6~7：CB

**三、程序设计**

方法一：

```
#include<stdio.h>
int main()
{
    printf("*****************\n");
    printf("   C语言程序设计\n");
    printf("*****************\n");
    return 0;
}
```

方法二：

```
#include<stdio.h>
int main()
{
    printf("*****************\n   C语言程序设计\n*****************\n");
    return 0;
}
```

## 第2章

**一、填空题**

1. 7、26  2. 30、0

**二、选择题**

1~5：BCADB  6~10：ACDCA  11~14：BBAC

## 第3章

**一、填空题**

1. stdio.h  2. ;（分号）  3. 变量、表达式  4. x*x/(3*x+5)  5. -14

**二、选择题**

1~3：BBB

**三、改错题**

1.（1）stdoi.h 改为 stdio.h　　（2）main 后应加()　　（4）this 改为 This
（5）o 改为 0　　　　　　　　（6）去掉一个}

2.（1）缺少#　　（5）a,b 应改为&a,&b　　（7）l=a+b;改为 l=2*(a+b);
（8）s=%f,l=%f 改为 s=%d,l=%d　　　　（9）缺少;

**四、读程序写结果**

1. 68　　　2. x=4,y=11

**五、编程序**

参考程序：

```
#include<stdio.h>
int main()
{
    float a,b,temp;
    printf("input a and b:");
    scanf("%f,%f",&a,&b);
    temp=a;
    a=b;
    b=temp;
    printf("a=%f,b=%f\n",a,b);
    return 0;
}
```

# 第 4 章

**一、填空题**

1. 2、1　　　2. else、if　　　3. 0、1　　　4. 1、0　　　5. 逗号运算符、赋值运算符
6. if-else 语句的嵌套、switch 语句　　　7. 0

**二、选择题**

1~5：DBDBB　　　6~10：CDBDD

**三、改错题**

1.（5）x 前面加上&　　（8）‖符号改为&&（或 if(x<=10)）　　（9）2x-1 改为 2*x-1
（11）3x-1 改为 3*x-1　　（12）把 y 前面的&符号去掉

2.（3）缺少（)　　　（7）scanf("%f%f%f",&a,&b,&c);　　　（8）两个‖都改为&&
（8）if 语句后面的;应去掉　　（12）应去掉 area 前面的&

**四、读程序写结果**

1. min= -34　　　2. 5　　　3. 1　　　4. ABother　　　5. Q

**五、编程序**

1. 参考程序：

```
#include <stdio.h>
```

```
int main()
{
    int a;
    printf("Input a:");
    scanf("%d",&a);
    if(a%5==0&&a%7==0)   printf("yes\n");
    else   printf("no\n");
    return 0;
}
```

2. 参考程序：

```
#include<stdio.h>
int main()
{
    int a,b,c,t;
    scanf("%d%d%d",&a,&b,&c);
    if(a<b){t=a;a=b;b=t;}
    if(a<c){t=a;a=c;c=t;}
    if(b<c){t=b;b=c;c=t;}
    printf("%d,%d,%d\n",a,b,c);
    return 0;
}
```

# 第 5 章

**一、填空题**

1. while 语句、for 语句　　　　2. 4、4　　　　　3. 判断条件表达式、执行循环体语句

5. while、for（表达式 1;表达式 2;表达式 3）语句

**二、选择题**

1~5：BDCBA　　　　6~10：CCCA

**三、判断题**

1. ×　　2. √　　3. ×　　4. √　　5. √　　6. √　　7. √　　8. √　　9. ×　　10. √

**四、改错题（每题错误 5 处，要求列出错误所在的程序行号并修改）**

1.（1）去掉分号　　　　（4）加入 sum=1　　　　（6）scanf("%d",&n);

（8）while(i<=n)　　　（12）printf("sum=%ld",sum);

2.（2）int main()　　　（4）long sum=0;　　　（5）for(n=100;n<=300;n++)

（7）if(n%3==0)　　　（8）sum=sum+n;

3.（1）去掉分号　　　（3）1 改为 0　　　　（4）去掉分号

（6）sum=%d\n 加双引号　　　　　　　　（7）return 0;

**五、读程序写结果（或者选择正确答案）**

1. 3,1,-1,　　2. D　　3. A　　4. B　　5. A　　6. i=6,k=4　　7. a=16 y=60

## 第 6 章

### 一、选择题

1~5：CDDAD

### 二、读程序写结果

1. 2.20　3.30　4.40　5.50　6.60　1.10　　　　2. sum=6　　　　3. -5

### 三、程序设计

1. //有一个正整数数组，包含 N 个元素，要求编程求出其中的素数之和以及所有素数的平均值

```c
#define N 5
#include <stdio.h>
int main()
{
    int num[N];
    int i,j,sum=0,count=0;
    float avg;
    printf("请输入%d 个整数\n",N);
    for(i=0;i<N;i++)
        scanf("%d",&num[i]);
    for(i=0;i<N;i++)
    {
        for(j=2;j<num[i];j++)
        {
            if(num[i]%j==0)
                break;
        }
        if(j>=num[i]-1)
        {
            sum=sum+num[i];
            count++;
        }
    }
    avg=sum/(float)count;
    printf("素数和为%d,平均值为%.2f\n",sum,avg);
    return 0;
}
```

2. //有 N 个数已按由小到大的顺序排好，要求输入一个数，把它插入到原有序列中，而且仍然保持有序

```c
#define N 5
#include <stdio.h>
int main()
```

```
{
    int num[N+1]={-23,12,35,67,989},data;
    int i,j,k,temp;
    printf("已排好的数组如下:");
    for(i=0;i<N;i++)
        printf("%-5d ",num[i]);
    printf("\n");
    printf("请输入要插入的数据");
    scanf("%d",&data);
    for(i=0;i<N;i++)
        if(num[i]>data)
            break;
    for(j=N-1;j>=i;j--)
        num[j+1]=num[j];
    num[i]=data;
    for(i=0;i<=N;i++)
        printf("%-5d",num[i]);
    printf("\n");
    return 0;
}
```

3. //打印如下形式的杨辉三角形
```
            1
            1    1
            1    2    1
            1    3    3    1
            1    4    6    4    1
            1    5    10   10   5    1
```
//输出前 10 行，从 0 行开始，分别用一维数组和二维数组实现
```
#define N 10
#include <stdio.h>
int main()
{
    int num[N][N];
    int i,j;
    for(i=0;i<N;i++)
    {
        num[i][0]=1;
        num[i][i]=1;
    }
    for(i=2;i<N;i++)
        for(j=1;j<i;j++)
            num[i][j]=num[i-1][j-1]+num[i-1][j];
```

```
    for(i=0;i<N;i++)
    {
        for(j=0;j<=i;j++)
             printf("%-5d",num[i][j]);
        printf("\n");
    }
    return 0;
}
```

4. //在一个二维整型数组中，每一行都有一个最大值，编程求出这些最大值以及它们的和

```
#include<stdio.h>
#define N 5
#define M 3
int main()
{
    int num[N][M],max[N],sum=0;
    int i,j;
    printf("请输入%d 行%d 列的矩阵\n",N,M);
    for(i=0;i<N;i++)
     for(j=0;j<M;j++)
          scanf("%d",&num[i][j]);
    for(i=0;i<N;i++)
    {
      max[i]=num[i][0];
      for(j=1;j<M;j++)
          if(num[i][j]>max[i])
                max[i]=num[i][j];
      sum=sum+max[i];
    }
    for(i=0;i<N;i++)
    {
      for(j=0;j<M;j++)
          printf("%-5d",num[i][j]);
      printf("max:%-5d",max[i]);
      printf("\n");
    }
    printf("最大值的和为%d\n",sum);
    return 0;
}
```

## 第 7 章

### 一、填空题

1. main 函数　　2. 函数首部、函数体　　3. 直接、间接　　4. 实参、形参　　5. 值、地址

### 二、选择题

1~5：DAADB　　　6~10：BACBA　　　11：D

### 三、程序设计

1. 参考程序：

```c
#include <stdio.h>
int prime(int a)
{
    int i;
    for(i=2;i<a;i++)
        if(a%i==0)
            {return 0; break;}
    return 1;
}
int main()
{
    int x;
    printf("input x: ");
    scanf("%d",&x);
    if(prime(x)==1) printf("%d is a prime number.\n",x);
    else printf("%d is not a prime number.\n",x);
    return 0;
}
```

2. 参考程序：

```c
#include <stdio.h>
void sort(float array[11])
{
    int i,j,t;
    for(i=1;i<10;i++)
        for(j=1;j<=10-i;j++)
            if(array[j]>array[j+1])
                {t=array[j];array[j]=array[j+1];array[j+1]=t;}
}
int main()
{
    float x[11];
    int i;
```

```
    printf("input 10 numbers: ");
     for(i=1;i<=10;i++)
    {
        printf("No%d: ",i);
        scanf("%f",&x[i]);
    }
    sort(x);
    printf("The numbers after sorted:\n");
    for(i=1;i<=10;i++)
        printf("%f\t",x[i]);
     return 0;
}
```

# 第 8 章

## 一、选择题
1~5：DDBBD　　　　6~10：CCACD　　　11~15：BCCCB　　　16~19：BBAC　　　20：C、A
## 二、编程题
1. 参考程序：

```
#include<stdio.h>
int main()
{
    int m;
    char str1[20],str2[20],*p1,*p2;
    char strcmp(char *p1,char *p2);
    printf(" input two strings:\n");
    gets(str1);
    gets(str2);
    p1=&str1[0];
    p2=&str2[0];
    m=strcmp(p1,p2);
    printf("result:%d\n",m);
    return 0;
}
char strcmp(char *p1,char *p2)
{
    int i;
    i=0;
    while(*(p1+i)==*(p2+i))
    if(*(p1+i++)=='\0') return(0);
    return(*(p1+i)-*(p2+i));
```

```
}
```

2. 参考程序：

```c
#include <stdio.h>
#include <string.h>
#define N 50
 void invstr(char *s)
{
    int i,j,L,m;
    char c;
    L=strlen(s);
    m=(L-1)/2;
    for(i=0,j=L-1;i<=m;i++,j--)
    {
        c=*(s+i);
        *(s+i)=*(s+j);
        *(s+j)=c;
    }
}
int main()
{
    char s[N];
    printf("请任意输入一个字符串(长度<%d)",N);
    gets(s);
    puts(s);
    invstr(s);
    printf("\n 请输出该字符串逆序后的结果:\n");
    puts(s);
    printf("\n\n\n");
    return 0;
}
```

# 第9章

## 一、填空题

1. ex　　2. struct STRU　　3. (*b).day、b->day　　4. 13431　　5. p=p->next

## 二、选择题

1~5：ACADC　　　　6~10：DBADD

## 三、程序设计

1. 参考答案：

```c
struct student
{
```

```c
    int num;
    char name[10];
    double math_score;
    double computer_score;
};
#include<stdio.h>
int main()
{
    struct student std[5],std_temp;
    int i,j,temp;
    double sum[5],aver[5];
    for(i=0;i<5;i++)
    {
        printf("输入第%d 学生的学号,姓名,数学成绩,计算机成绩:\n",i+1);
        scanf("%d%s%lf%lf",&std[i].num,&std[i].name,&std[i].math_score,&std[i].computer_score);
    }
    printf("您输入的学生信息为:\n");
    for(i=0;i<5;i++)
        printf("学号:%-5d 姓名:%s 数学成绩:%3.2lf 计算机成绩: %3.2lf\n",std[i].num,std[i].name,
                std[i].math_score,std[i].computer_score);
    for(i=0;i<5;i++)
    {
        sum[i]=0;
        sum[i]=std[i].computer_score+std[i].math_score;
        aver[i]=sum[i]/2;
    }
    //按最高分降序排列
    for(i=0;i<4;i++)
    {
        for(j=0;j<4-i;j++)
        {
            if(sum[j]<sum[j+1])
            {
                //交换最高分
                temp=sum[j];
                sum[j]=sum[j+1];
                sum[j+1]=temp;
                //交换对应的学生信息
                std_temp=std[j];
                std[j]=std[j+1];
```

```
                std[j+1]=std_temp;
                //交换平均分
                temp=aver[j];
                aver[j]=aver[j+1];
                aver[j+1]=temp;
            }
        }
    }
    printf("按最高分由高到低为:\n");
    for(i=0;i<5;i++)
        printf(" 学 号 :%-5d 姓 名 :%s 数 学 成 绩 :%3.2lf 计 算 机 成 绩 :%3.2lf 总 分 :%3.2lf 平 均
            分:%3.2lf\n",std[i].num,std[i].name,std[i].math_score,std[i].computer_score,sum[i],aver[i]);
    return 0;
}
```

2. 参考答案:

```
struct datetime
{
    int year;
    int month;
    int day;
};
#include<stdio.h>
int days(struct datetime);
int main()
{
    int count_day;
    struct datetime date;
    printf("请输入年月日:\n");
    scanf("%d%d%d",&date.year,&date.month,&date.day);
    count_day=days(date);
    printf("日期%d/%2d/%2d 是%d 的第%d 天\n",date.year,date.month,date.day,date.year,
    count_day);
    return 0;
}
int days(struct datetime date)
{
    int result=0;
    int year=date.year,month=date.month,day=date.day;
    switch(month-1)
    {
```

```
            case 12: result+=31;
            case 11: result+=30;
            case 10: result+=31;
            case 9: result+=30;
            case 8: result+=31;
            case 7: result+=31;
            case 6: result+=30;
            case 5: result+=31;
            case 4: result+=30;
            case 3: result+=31;
            case 2:
                if(year%400==0||year%100!=0&&year%4==0)
                    result+=28;
                else
                    result+=29;
            case 1: result+=31;
        }
        result+=day;          //加上对应的月份的天数
        return result;
    }
```

# 第 10 章

## 一、填空题
1. FILE     2. 123456     3. "filea.dat","r"     4. fp、0     5. NULL

## 二、选择题
1~5：ABCBC      6~10：BCABD

## 三、程序设计
1. 参考答案：

```c
#include <stdio>
int main()
{
    FILE *fp;
    char str[80],filename[10];
    int i=0;
    if((fp=fopen("test","w"))==NULL)
    {
        printf("Cannot open file\n");
        exit(0);
    }
    printf("Input a string:\n");
```

```
        gets(str);
        while(str[i]!='!')
        {
            if (str[i]>='a'&&str[i]<='z')
                str[i]=str[i]-32;
            fputc(str[i],fp);
            i++;
        }
        fclose(fp);
        fp=fopen("test", "r");
        fgets(str,strlen(str)+1,fp);
        printf("%s\n",str);
        fclose(fp);
        return 0;
    }
```

2. 参考答案：

```
#include <stdio.h>
int main()
{
    int c;
    FILE *fp1,*fp2;
    fp1=fopen("old.dat","r");
    fp2=fopen("new.dat","w");
    c=getc(fp1);
    while(c!=EOF)
    {
        putc(c,fp2);
        c=getc(fp1);
    }
    fclose(fp1);
    fclose(fp2);
    return 0;
}
```

3. 参考答案：

```
#include <stdio.h>
int main()
{
    FILE *fp;
    Long num=0L;
    if((fp=fopen("test.dat", "r")==NULL)
```

```
    {
        printf("open error\n");
        exit(0);
    }
    while(!feof(fp))
    {
        fgetc(fp);
        num++;
    }
    printf("num=%ld\n",num-1);
    fclose(fp);
    return 0;
}
```

# 第 11 章

## 选择题

1~5：DCACB　　　6~10：DCDDB　　　11~13：BCD

# 第 12 章

## 一、填空题

1. a=a&b　　2. $$$　　　3. −1,377777777777　　4. mmm　　5. −2　　6. a:9a、b:ffffff65

7. −2,62　　8. 0x6c　　9. 0130 或 88 或 0x58　　　　10. 8　　11. 100

## 二、选择题

1~5：ACDDB　　　6~10：DAAAD　　　11~13：DBB

# 第三部分练习题答案

1~6：CDCBCD

7. 可测试性、可理解性、可修改性　　8. 数据耦合　　9. 数据字典　　10. 集成